New Work needs Inner Work

New Work
needs
Inner Work

Ein Handbuch für Unternehmen auf dem
Weg zur Selbstorganisation

von

Joana Breidenbach

Bettina Rollow

Verlag Franz Vahlen München

Über die Autorinnen

Joana Breidenbach ist Gründerin von Deutschlands größter Spendenplattform betterplace.org und dem Think-and-Do-Tank betterplace lab.

Bettina Rollow entwickelt Organisations- und Führungsformen, u. a. mit dem betterplace lab und Ashoka Deutschland.

ISBN Print: 978-3-8006-6137-4

ISBN E-Book PDF (deutsche Ausgabe): 978-3-8006-6138-1
ISBN E-Book epub/mobi (deutsche Ausgabe): 978-3-8006-6139-8

ISBN E-Book PDF (englische Ausgabe): 978-3-8006-6140-4
ISBN E-Book epub/mobi (englische Ausgabe): 978-3-8006-6141-1

© 2019 Verlag Franz Vahlen GmbH,
Wilhelmst. 9, 80801 München
Satz: Fotosatz Buck
Zweikirchener Str. 7, 84036 Kumhausen
Druck und Bindung: Friedrich Pustet GmbH & Co. KG
Gutenbergstr. 8, 93051 Regensburg

Umschlaggestaltung: Ralph Zimmermann – Bureau Parapluie
In Anlehnung an die Vorauflage,
gestaltet von Heimann + Schwantes, Berlin

vahlen.de/nachhaltig

Gedruckt auf säurefreiem, alterungsbeständigem Papier
(hergestellt aus chlorfrei gebleichtem Zellstoff)

Vorwort

Dieses Buch möchte Dir als Leserin oder Leser dabei helfen herauszufinden, welche Führungsstile und Formen der Zusammenarbeit zu Dir und Deinem Unternehmen passen. In einer Zeit, in der viel über neue Arbeitsformen diskutiert wird und Tausende von Firmen „Change" und „New Work" einführen, sehen wir die Notwendigkeit, präziser und differenzierter zu erforschen, welche Organisationsformen sich für welche Teams, Aufgaben und Märkte eignen. Wir verstehen unter New Work eine Transformation der Arbeitswelt, die den Mitarbeiter und seine Fähigkeiten ins Zentrum stellt, in der Hierarchien verflacht oder sogar ganz abgeschafft und von gemeinsamer Führung oder Selbstorganisation abgelöst werden. Aber sollte jedes Unternehmen seine hierarchischen Strukturen umkrempeln und selbstorganisiert arbeiten? Und welche Voraussetzungen und Schritte sind notwendig, damit neue Arbeitsformen zum Erfolg führen? Diesen Fragen wollen wir in diesem Buch nachgehen.

Unser Handbuch ist praxisorientiert und folgt dem Arbeitsprozess einer Organisationsentwicklung. Viele Schritte können von Teams alleine, auch ohne äußere Unterstützung, gegangen werden. Für einige weitere Entwicklungen, insbesondere wenn es darum geht, Spannungsfelder zu identifizieren und zu bearbeiten, erscheint uns eine externe Begleitung in Form eines Coaches notwendig. Aber auch hier ist das Handbuch nützlich, da es dem Leser einen Leitfaden liefert, um die Qualität des Coaches oder Organisationsentwicklers einzuschätzen. In unserer Erfahrung kursieren nämlich viele Konzepte und Werkzeuge, die zu pauschal und oberflächlich sind. In der Folge scheitern Change-Prozesse und lassen Führung und Teams frustriert zurück.

Ein maßgeblicher Grund für das Scheitern von Organisationsentwicklungen steht im Zentrum unseres Interesses: Fast alle Change-Prozesse konzentrieren sich auf die äußere, sichtbare Dimension des Wandels. Aber jede äußere Veränderung von Strukturen und Prozessen muss notwendigerweise von einer inneren Transformation begleitet werden. Deshalb widmen wir dieses Buch insbesondere der „inneren Innovation" von Teams. Darunter verstehen wie die Art und Weise, wie Mitarbeiter und Teams reifen und wachsen können, sodass sie ihre komplexe, flexible Außenwelt kompetenter, sicherer und glücklicher gestalten können. Wie der Titel sagt: New Work needs Inner Work.

Aus der Startup-Welt kommend, sehen wir dieses Buch als ein MVP (Minimum Viable Product), also ein Produkt, mit dem wir unsere eigenen Erkenntnisse aus fünf Jahren New Work und Selbstorganisation möglichst zeitnah und leicht zugänglich mit Menschen teilen wollen, die gerade ihre eigenen Erfahrungen mit neuen Arbeits- und Führungsformen machen. Deshalb ist dieses Buch auch eine Einladung, sich mit uns auszutauschen und co-kreativ das Thema New Work voranzutreiben. Wir sind auf Euer Wissen neugierig. Schon alleine deshalb, weil unsere eigenen Erfahrungen auf der Arbeit mit kleinen und mittelgroßen Unternehmungen (zwischen 12 – 120 Mitarbeitern) in Deutschland und Europa basieren und wir nicht wissen, ob diese auch auf viel größere transnationale Konzerne übertragbar sind. Ein kollaborativer Ansatz ist notwendig, wenn wir die Potenziale und Grenzen von neuen Arbeitsformen besser verstehen wollen. Unser Erkenntnisinteresse ist nicht allein auf die Arbeitswelt beschränkt: Wir sind davon überzeugt, dass neue, flexiblere Organisationsformen und die damit einhergehenden Prinzipien und Kompetenzen eine wichtige Rolle in der nächsten Phase der Menschheitsentwicklung spielen. Wie Peter F. Drucker schrieb: „Nur wenige Veränderungen beeinflussen die Zivilisation derart nachhaltig wie eine Änderung des Prinzips, auf dem die Organisation der Arbeit beruht" (Drucker 2002). Die in diesem Buch beschriebenen Fähigkeiten sind notwendig, um die großen gesellschaftlichen und ökologischen Herausforderungen unserer Zeit zu meistern.

Wie Du schon gemerkt hast, duzen wir unsere Leser und Leserinnen. Das entspricht unserem Verständnis von der Beziehung, die wir im Buch aufbauen wollen: Wir möchten den Dialog nahbar und auf Augenhöhe führen. Wenn wir die (Arbeits-)Welt verbessern wollen, geht das nur, wenn wir uns füreinander öffnen und echte Beziehungen aufbauen. Um der besseren Lesbarkeit willen haben wir uns zudem gegen eine strenge geschlechtsneutrale Form entschieden und schreiben stattdessen abwechselnd in der weiblichen, männlichen und neutralen Form. Gemeint sind immer alle, die lesen.

Um das Buch so nützlich wie möglich zu machen, haben wir am Ende des Buches eine Auswahl praktischer Übungen integriert, die Dir und Deiner Unternehmung dazu dienen sollen, das Gelesene möglichst einfach in der Praxis auszutesten. Die Übungen stammen alle aus Bettinas Arbeitsrepertoire und können à la Creative Commons frei übernommen und adaptiert werden.

Danksagung

Dieses Handbuch ruht auf starken Schultern und wir möchten uns bei vielen Menschen bedanken. Allen voran den Unternehmungen, die wir in unseren verschiedenen Funktionen begleiten und von denen wir lernen durften. Für diejenigen, die meinen, sich darin wiederzuerkennen: Die Schilderungen basieren auf unseren subjektiven Wahrnehmungen und erheben keinen Anspruch auf Objektivität.

Joana dankt allen ehemaligen und heutigen Mitarbeitern des **betterplace lab** für ihren Enthusiasmus und Mut, ihr Durchhaltevermögen und ihren stetigen Einsatz, immer wieder neue Wege der Arbeit zu gehen. Ohne euch – Nadine Brömme, Dennis Buchmann, Barbara Djassi, Moritz Eckert, Isabel Gahren, Hanna Gleiss, Nora Hauptmann, Katja Jäger, Franziska Kreische, Yannick Lebert, Gesa Lüdecke, Ben Mason, Stephan Peters, Medje Prahm, Sebastian Schwiecker, Carolin Silbernagl, Lavinia Schwerdersky, Michael Tuchen, Angela Ullrich, Kathleen Ziemann sowie unseren Werkstudenten und -studentinnen – würde es dieses Buch nicht geben! Dabei gilt ein besonderes Dankeschön Dennis, der Joana 2014 zum ersten Mal von **Reinventing Organizations** erzählte und damit den Impuls für den **betterplace lab**-Entwicklungsprozess, intern „Team Transformer" genannt, setzte.

Bettina dankt ebenfalls dem **betterplace lab** für den Pioniergeist. Ihr weiterer Dank gilt allen anderen Unternehmen, die ihr vertraut und sich auf einen experimentellen Entwicklungsprozess eingelassen haben. Dazu zählen insbesondere die Teams von **Ashoka Deutschland** und **Ashoka Europa** rund um Rainer Hoell, Oda Heister, Marie Ringler und Matthias Scheffelmeier sowie das **European Forum**. Unsere gemeinsamen Erfahrungen rund um New Work sind maßgeblich in dieses Buch eingeflossen. Ein besonderes Dankeschön gilt auch Nadjeschda Taranczewski, die Bettina mit vielen der hier beschriebenen Werkzeuge und Übungen bekannt gemacht hat.

Unsere Herangehensweise, New Work in Form von bestimmten Prinzipien zu beschreiben und diese für Organisationsentwicklung fruchtbar zu machen, verdanken wir Thomas Hübl. Thomas ist ein spiritueller Lehrer, dessen Arbeit sich mit mystischen Prinzipien, also den grundlegenden Wirkungsweisen von Leben und Schöpfung, Innovation und Entwicklung, beschäftigt. Vieles, was wir über Inner Work schreiben, haben wir in seinen Gruppen gelernt und erfahren. Das Buch setzt aber nicht voraus, diese mystische Weltsicht zu teilen; es soll Jede und Jeden ansprechen.

Schlussendlich bedanken wir uns bei einander. Ohne Joana hätte Bettina dieses Buch nie geschrieben und Joana hätte ihrerseits ohne Bettina nie New Work und Selbstorganisation so gründlich erforscht und verstanden.

Inhaltsverzeichnis

Kapitel 1

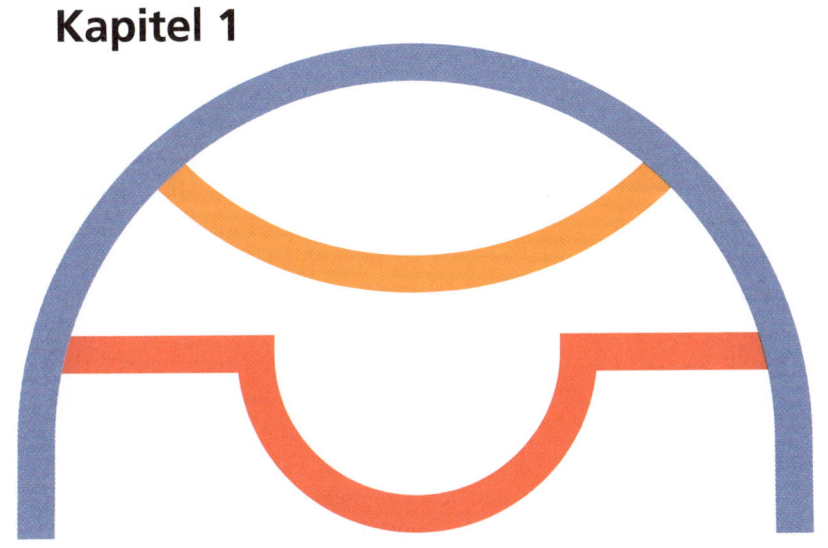

Von Hierarchie zur Potentialentfaltung

Stell Dir vor, es ist Dein erster Arbeitstag in einem neuen Unternehmen. Du wirst freundlich begrüßt und aufgefordert, die nächsten Wochen damit zu verbringen, das Unternehmen richtig gut kennenzulernen. „Schau Dir an, was Deine Kollegen machen. Wenn Du ein Projekt interessant findest, kannst Du dort direkt einsteigen. Und wenn Du eine eigene Idee hast, versuche, Deine neuen Kollegen dafür zu begeistern, und gründe ein eigenes Team." Alle Tische in diesem Büro haben Rollen, sodass Mitarbeiter sich höchst flexibel von einem Projektteam zum anderen bewegen können. Das Unternehmen, das so arbeitet, heißt **Valve** und ist einer der erfolgreichsten amerikanischen Hersteller von Computerspielen. Gegründet in Seattle im Jahr 1996, beschäftigt es heute um die 400 Mitarbeiter. Es gibt kein Management, und selbst der Gründer und Präsident kann Mitarbeitern nicht vorschreiben, wie und an was sie arbeiten.

Auf der anderen Seite der Welt, in Berlin, arbeitet das **betterplace lab** ebenfalls ohne Chefs und Manager. Der gemeinnützige Think-and-Do-Tank erforscht, wie Digitalisierung für das Gemeinwohl eingesetzt werden kann. Die Mitarbeiterinnen planen das neue Geschäftsjahr jeden Herbst gemeinsam. Zum gleichen Zeitpunkt verhandeln sie auch ihre Gehälter untereinander. Neue Kolleginnen und Kollegen werden von den Mitarbeitern selbst eingestellt. Statt eines statischen Organigramms haben sie eine kompetenzbasierte Hierarchie entwickelt, bei der jeweils die Mitarbeiter mit der höchsten Kompetenz in unterschiedlichen Themenbereichen selbstständig Entscheidungen treffen können.

Organisationsentwicklung im digitalen Zeitalter

Unsere Arbeitswelt ist in einem fundamentalen Umbruch begriffen. Herkömmliche Führungs- und Kontrollfunktionen, entwickelt im Zeitalter der ersten und zweiten Industrialisierung, erweisen sich im Zuge der Digitalisierung zunehmend als überholt.

Neue Geschäftsmodelle und Wertschöpfungsketten sowie eine rasch voranschreitende Automatisierung üben einen enormen Druck auf die Wirtschaftswelt aus. Unternehmen sind gezwungen, sich viel schneller und radikaler auf Veränderungen einzustellen. Sie müssen innovativer und risikofreudiger werden, fähig, in einem zunehmend komplexeren Umfeld zu handeln. Je komplexer die Welt wird, desto ungeeigneter erscheinen die herkömmlichen Hierarchien, da Wissen und Kreativität oft nicht zentral an der Spitze, sondern im Unternehmen verteilt liegen. Gefragt sind daher dezentrale Organisationsformen, „Startup Thinking" und „Digital Mindsets". Solche Modelle fordern die Fähigkeit, eigenverantwortlich zu handeln, mit anderen zusammenzuarbeiten, flexibel zu sein, Unsicherheiten auszuhalten, mit Verschiedenheit umzugehen und Veränderungen frühzeitig zu erkennen.

Ein weiterer Faktor kommt hinzu: Viele Menschen spüren, dass die Kluft zwischen ihren eigenen Bedürfnissen und Interessen und dem, was sie in ihrer Arbeitswelt erfahren, immer größer wird. Dies betrifft Mitarbeiter ebenso wie Vorgesetzte. Arbeitnehmern kommt es vor, als müssten sie menschlich „schrumpfen", um durch die Bürotür zu passen. Chefs langweilen sich, wenn sie Urlaubstage freigeben oder Zwist in Abteilungen beilegen müssen, statt Innovationen voranzutreiben und neue Geschäftsfelder zu erforschen. Diese Spannungen führen zu den kontinuierlich steigenden Burn-out- und Fehlzeiten-Statistiken mit den damit einhergehenden menschlichen Dramen und wirtschaftlichen Verlusten. Damit verbunden ist der schärfer werdende Wettbewerb um Nachwuchstalente, die ihre eigenen Vorstellungen von einem guten Arbeitsplatz mitbringen.

Um diesen Herausforderungen gerecht zu werden, machen sich viele Unternehmen auf den Weg der Veränderung. Hierfür wurden Begriffe geprägt, die Innovation, Veränderungsbereitschaft und Transparenz ausdrücken. Unter den Schlagwörtern New Work, Holokratie, agile Unternehmen oder „türkise" Organisationen werden neue Formate, Strukturen und Prozesse entwickelt. Dabei reichen die Maßnahmen von kosmetisch über verzagt bis radikal. Manch einer verpasst schon dem monatlichen Kulturabend in der Kantine, dem Bürohund oder dem neu gestalteten Intranet das Etikett „New Work". Andere versuchen, sich materiell zu verjüngen, reißen Wände ein und stellen Kicker- und Tischtennisplatten, kostenlose Getränkekühlschränke und Sitzsäcke auf. Viele jagen Change-Coaches durchs Unternehmen, die mit Design-Thinking-Methoden, flexiblen Arbeitszeiten und kreativen Titeln auf den Visitenkarten die Innovationsfähigkeit der Belegschaft steigern sollen. Digitale Kollaborationstools werden eingeführt: Man kommuniziert über Slack, Google Drive oder Trello. Die Vorstandsetagen öffnen sich – bis hin zum Duzen auch des Vorstands – und C-Level Manager suchen den Austausch mit Mitarbeitern. Das wirkt zunächst oft gut, dringt aber nicht zum Kern der Herausforderung vor.

Eine kleine, aber wachsende Anzahl an Unternehmen nimmt sich des Themas grundsätzlicher an. Sie verflachen Hierarchien oder schaffen diese, inklusive der Chefs, ganz ab. Sie lassen sich auf einen Perspektivwechsel ein, beispielsweise indem Auszubildende für einen Monat die Geschäftsführung übernehmen. Sie machen Managemententscheidungen transparent und legen Gehälter offen. Sie übergeben Teams die Verantwortung für die Personaleinstellung (Recruiting), sodass diese ihre eigenen Kollegen einstellen. Sie ermächtigen Mitarbeiter, frei zu entscheiden, wie viel Urlaub sie nehmen, von wo, wann und an was sie arbeiten. Und manche Teams verhandeln sogar ihre Gehälter untereinander und entwickeln zusammen die Strategie des Unternehmens.

Viele dieser radikaleren Ansätze basieren auf der Überzeugung, dass Unternehmen modellhaft zukünftige Lebensformen testen und vorleben sollten. Gründer und Mitarbeiter spüren, dass wir im frühen 21. Jahrhundert am Ende einer Ära angekommen sind und vor der Aufgabe stehen, nachhaltigere, gerechtere und gesündere gesamtgesellschaftliche Strukturen aufzubauen. Doch wie können wir für die Gesellschaft neue Werte und Formen fordern, wenn wir im Kleinen – in unserem eigenen Arbeitsumfeld – immer noch in alten, oft nicht funktionierenden Strukturen gefangen sind? Dies ist insbesondere für sogenannte Impact-Unternehmen, also solche, die sich ausdrücklich dem gesellschaftlichen und ökologischen Wandel verschrieben haben, eine brennende Frage. Immer mehr von ihnen werden zu Vorreitern der New Work-Bewegung und entwickeln im Rahmen ihrer eigenen Unternehmen modellhaft die Zukunft der Arbeit.

Wieso Inner Work?

Doch fast alle Maßnahmen, die heutzutage unter New Work laufen, greifen zu kurz und sind zum Scheitern verurteilt. So wie neue

Arbeitsformen umgesetzt werden, können sie die erhoffte system-verändernde Wirkung nicht erzielen.

Denn der Wandel findet nur im Außen statt. Die meisten Unternehmen tun so, als müsste man nur ein paar Rollen und Regeln verändern und schon würden Menschen kreativer, verantwortungsvoller und selbstbestimmter. Dieses Herangehen übersieht, dass jede maßgebliche Veränderung in der Außenwelt eine entsprechende Veränderung im Innenleben der einzelnen Menschen braucht. Nur wenn wir Wandel ganzheitlich angehen und die innere Transformation aktiv mit einbeziehen, kann er gelingen. Wir müssen die subjektiven Empfindungen und Wahrnehmungen der New Worker ins Zentrum der Veränderung stellen. Wenn Unternehmen den Spielraum für Individuen vergrößern – ihnen mehr Freiraum und Verantwortung geben –, bedarf es eines Kompetenzaufbaus, einer menschlichen Reifung, im Zuge derer Mitarbeiter innerlich stärker und selbstbewusster werden. Um New Work richtig umzusetzen und das Potential dieser großen Veränderungswelle in der Arbeitswelt zu schöpfen, müssen wir beides, Außen und Innen, objektive Strukturen und subjektive Erfahrungen ins Blickfeld nehmen.

Dass New Work nicht funktioniert, wenn Teams nur ihre äußeren Arbeitsweisen und Organisationsstrukturen verändern, zeigt sich darin, dass immer mehr Unternehmen, die transparente (holokratische) und veränderungsbereite (agile) Strukturen eingeführt haben, bei der Umsetzung straucheln. Selbst mancher New Work-Pionier ist mittlerweile desillusioniert und berichtet von sinkenden Umsätzen und Kündigungen. Der erhoffte Innovationsschub bleibt oft aus. Vorgesetzte suchen die Schuld bei den Mitarbeitern, die so viel Freiheit angeblich nicht vertragen und offenbar einen direktiven Führungsstil brauchen. Mitarbeiter ihrerseits erzählen von gesteigertem Leistungsdruck, unklaren Strukturen und allgemeiner Verunsicherung. Nach diesen Erfahrungen kehrt manches Unternehmen wieder zur althergebrachten Hierarchie zurück.

Dies muss nicht sein. Wenn wir äußere Veränderung mit inneren Transformationsprozessen verbinden, können wir neue Arbeitsformen erfolgreich umsetzen und machen damit einen großen Schritt hin zu einer besseren Wirtschaft, in der Menschen ihre Potentiale völlig neu entfalten können. Diese Überzeugung prägt unsere Arbeit und dieses Buch.

Bettinas Reise

Bettinas Forschungsreise zu New Work begann fast ein wenig unfreiwillig. 2014, nach vier Jahren als Prozessberaterin in einem großen Automobilkonzern, war sie an einem kritischen Punkt ihres Karrierewegs angekommen: Ausgestattet mit einem Master in Betriebswirtschaftslehre und einer gestalttherapeutischen Ausbildung war Bettina angetreten, die technische Entwicklung und Zusammenarbeit im Konzern ganzheitlicher zu gestalten. Dafür wollte sie die Strukturen und Prozesse mit den Werten und Bedürfnissen der Mitarbeiter in Einklang bringen. Doch genau an diesem Punkt endete ihre Konzernkarriere. Denn, so viel wurde trotz beidseitiger Bemühungen sehr schnell klar, eine solch ganzheitliche Perspektive auf Arbeitsprozesse würde hier nicht jetzt und sicher auch nicht in den nächsten Jahren Platz finden.

Bettina kündigte und plante eine Auszeit, um ihre nächsten beruflichen Schritte zu planen. Genau in diesem Moment trat New Work in ihr Leben. Und zwar in der Form von Joana Breidenbach und des **betterplace lab**.

Joanas Ausgangspunkt

2007 hatte Joana die Spendenplattform **betterplace.org** mitgegründet. 2010 folgte das **betterplace lab**, ein Think-and-Do-Tank, der erforschte, wie digitale Medien für das Gemeinwohl eingesetzt werden können. 2014 wollte Joana ihre Führungsposition abgeben, um sich neuen Themen zu widmen. Doch wie sollte sie ihre Nachfolge organisieren? Sozialunternehmen wie **betterplace** sind oft sehr auf ihre Gründer fixiert und es erschien schwierig, eine „neue Joana" zu finden. Ein Kollege erzählte ihr damals von dem neuen Buch **Reinventing Organizations** von Frederic Laloux (2014), in dem ein ungewöhnliches Unternehmens- und Führungsmodell beschrieben wurde. Joana las es und war elektrisiert. Statt festen Hierarchien basierte die Zusammenarbeit in den von Laloux beschriebenen Unternehmen auf Selbstorganisation. Klassische Vorgesetzten- und Managerpositionen existierten nicht und Mitarbeiter konnten aus ihren vorgefertigten Rollen aussteigen, um Aufgaben zu übernehmen, die ihren Interessen und Potentialen entsprachen. Laloux beschrieb, wie Mitarbeiter in diesen Unternehmen als „ganze Menschen" erschienen und gemeinsam die notwendigen Strukturen und Prozesse gestalteten. Strategien wurden ebenfalls nicht von oben nach unten, top-down, verordnet, sondern entstanden, indem Mitarbeiter sich von der „evolutionären Bestimmung" (engl.: **evolutionary purpose**) des Unternehmens leiten ließen.

Die Prinzipien der Selbstorganisation, Ganzheitlichkeit und intuitiven Strategieplanung faszinierten nicht nur Joana, sondern das gesamte zwölfköpfige **betterplace lab**-Team. Sie hatten Lust, etwas ganz Neues auszuprobieren: nicht nur ihr Wissen zu digital-sozialen Innovationen zu verbreiten, sondern mit dem eigenen Arbeitsumfeld zu experimentieren. In der Trendforschung beschrieben sie, wie Digitalisierung weit mehr als nur eine Technologie war, sondern mit neuen kulturellen Dynamiken wie Dezentralisierung, Co-Kreation, Kollaboration und Agilität einherging. Nun konnten sie am eigenen Leibe erforschen, was das bedeutete.

Wie wird man zu einer selbstorganisierten, ganzheitlichen Unternehmung?

Die Frage war jedoch: Wie macht man das? Laloux hatte inspirierende Fallbeispiele zusammengetragen und viele Prinzipien der neuen Organisationsform (die er in Anlehnung an die Entwicklungstheorie der Spiral Dynamics „türkise Organisationen" nannte) beschrieben. Dazu, wie man zu einem selbstorganisierten Unternehmen mit einer flexiblen, kompetenzbasierten Hierarchie wird, hatte er jedoch nur wenige Worte verloren. Also musste Joana eine Organisationsentwicklerin finden, die den Prozess in die Praxis umsetzen konnte.

Die Wahl fiel auf Bettina. „Joana kam auf mich zu und sagte: 'Du hast ja jetzt Zeit (weil arbeitslos). Hier, lies **Reinventing Organizations** und dann legen wir los!'", erinnert sich Bettina. Sie las Laloux und war ebenfalls begeistert. Was er beschrieb, entsprach ihrem eigenen Verständnis von Führung und Zusammenarbeit. Gleichzeitig betrat sie Neuland: Wie ließen sich die laloux'schen Prinzipien in die Praxis umsetzen? Wie könnte so ein Transformationsprozess aussehen? Welche Haltungen und Kompetenzen waren notwendig, um aus Mitarbeitern Chefs zu machen und selbstorganisiertes Arbeiten zu ermöglichen? Welche Probleme tauchen in der Praxis auf? Zu welchen Teams passt Selbstorganisation, zu welchen aber auch eher nicht? **Reinventing Organizations** hatte zu diesen Prozessfragen wenig zu sagen. Joana und Bettina würden den Transformationsprozess eigenständig gestalten müssen, Experimente wagen, Funktionierendes verstärken und von Fehlern schnell lernen müssen. Und das alles während des normalen Betriebs, während Forschungen, Studien und Workshops, Vertrieb, Finanz- und Strategieplanung weiterliefen.

Fünf Jahre später haben wir beide tatsächlich viel gelernt und sind zugleich immer noch auf der Reise. Bettina hat mittlerweile eine ganze Reihe anderer Unternehmen bei vergleichbaren Transformationsprozessen begleitet, denn das Vorbild des **betterplace lab** entwickelte eine Strahlkraft, die andere Organisationen ermutigte, sich ebenfalls auf den Weg zur Selbstorganisation zu machen. Jedes dieser Unternehmen ist anders. Manche sind profitorientiert, andere gemeinnützig. Manche Teams sind groß, andere klein. Auch ihre Ausgangspositionen unterscheiden sich. Manche sind hierarchischer, andere egalitärer. Doch bei aller Unterschiedlichkeit gab es eine Reihe von Grundelementen, bestimmte Prinzipien, die für den Weg von Hierarchie zu Selbstorganisation wichtig waren. Diese Erkenntnisse, den Kern unserer bisherigen Erfahrungen, wollen wir in diesem Buch teilen.

Für wen ist dieses Buch?

Dieses Handbuch richtet sich an Menschen, die in Unternehmen und Gruppen arbeiten und daran interessiert sind, beruflich zu wachsen, wirksamer und zufriedener zu werden und mit Herausforderungen besser umgehen zu können. Nach dem großen Erfolg von Büchern wie Frederic Lalouxs **Reinventing Organizations**, Podcasts wie **On the Way to New Work** von Michael Trautmann und Christoph Magnussen und Konferenzen wie der **Xing New Work Experience** fragen sich immer mehr Unternehmer, Mitarbeiter und Coaches, wie der Weg zur Selbstorganisation in der Praxis wirklich aussehen und gelingen kann.

Wie können wir den Transformationsprozess so gestalten, dass er diesen Namen verdient, statt zu einem herkömmlichen Change-Management-Projekt zu verkommen, an dessen Ende die Berater zwar gut gefüllte Kassen haben, Führung und Mitarbeiter aber unsicherer und unzufriedener sind als zuvor?

Über die engere Laloux-Fangemeinde hinaus verstehen wir dieses Buch auch als Wegweiser für Unternehmen im digital-globalen Zeitalter. Um im heutigen Arbeitsumfeld nachhaltig erfolgreich zu sein, müssen Firmen sich eine „digitale Denkweise" zulegen und lernen, Komplexität zu „surfen", anstatt sie zu beherrschen. Sie müssen lernen, schnell, flexibel und innovativ zu sein. Statt taktisch Informationen und Ideen auszutauschen, entwickeln sie diese gemeinsam. Sie werden ko-kreativ.

Die digitale Denkweise ist ein zentrales Merkmal der neuen Organisationsformen. In diesem Sinne eignet sich das Handbuch auch für alle Unternehmer und Mitarbeiter, die nicht ausdrücklich selbstorganisiert arbeiten wollen, aber daran interessiert sind, ein innovatives, flexibles und motivierendes Arbeitsumfeld zu schaffen.

Daraus folgt, dass wir in diesem Buch die neuen Organisationsformen manchmal pauschal als „Selbstorganisation" oder „Selbstführung" bezeichnen, an anderen Stellen aber von „türkisen Organisationen", „geteilter oder gemeinsamer Führung", oder „flachen Hierarchien" sprechen. Nur wo notwendig unterscheiden wir zwischen den unterschiedlichen Ausprägungen von „New Work". Wo wir bei der sprachlichen Klärung sind: Auch die Begriffe „Organisation", „Unternehmen" und „Team" verwenden wir weitestgehend austauschbar, wobei uns die „Unternehmung" als Oberbegriff am sympathischsten ist.

Neben unserem oben beschriebenen Fokus auf der inneren Dimension von New Work sehen wir unseren Beitrag zur New Work-Literatur darin, dass wir sehr praxisorientiert vorgehen. Dies ist ein Handbuch, keine theoretische Abhandlung. Alle Erkenntnisse, Erfahrungen, Übungen und Maßnahmen haben wir (und zwar insbesondere Bettina) in der täglichen Arbeit entwickelt und erprobt. Wir haben uns bemüht, unser Wissen so aufzubereiten, dass Leser mit ihren Organisationen gleich selbst loslegen und die Reise zu neuen Führungs- und Arbeitsmodellen antreten können.

Das Handbuch folgt dabei seinem eigenen Credo: Wir arbeiten zusammen und verbinden die Perspektive der Organisationsentwicklerin Bettina mit der der Sozialunternehmerin Joana. Wir gehen Schritt für Schritt vor: Wir teilen und bewerten unsere eigenen Erfahrungen, während wir sie in der täglichen Arbeit (insbesondere von Bettina) erforschen und immer mehr lernen, welche Ansätze funktionieren und welche scheitern. Wir folgen der Startup-Mentalität und schreiben dieses Buch, getragen von unserer eigenen Motivation und finanziert durch Crowdfunding. Wir nehmen den Leser auf eine Reise mit, die von unseren beiden Persönlichkeiten und Erfahrungen geprägt ist.

Prinzipien als Anker der Navigation

Menschen spüren, wie sich alles um sie herum schneller denn je verändert und die Welt unübersichtlicher wird. Wenn unsere Bedürfnisse nach Sicherheit und Orientierung bedroht werden, reagieren wir mit Aktionismus, Widerstand oder Stress. Um uns neu zu ordnen, greifen wir nach einfachen Erklärungen und finden diese in einer ganzen Legion von Ratgebern, die neue Organisationsmodelle vermitteln. Doch die in Flughafen-Buchhandlungen und auf der Bestseller-Liste offerierten Business-Blaupausen sind wenig hilfreich, suggerieren sie doch meist ein geordnetes und vorhersagbares Umfeld, welches mit Regeln gemanagt werden kann.

Unser eigentlicher Erkenntnisschritt besteht jedoch darin, anzuerkennen, dass die globalisierte, digitale Welt immer dynamischer, komplexer und unberechenbarer wird und wir uns als Menschen mit verändern müssen. Denn eine Welt, die ständig in Bewegung ist, erfordert von uns neue Fähigkeiten. Wir müssen lernen, das neue Umfeld angemessen zu erfassen und zu beschreiben. Wir müssen herausfinden, wie wir unsere Grundbedürfnisse nach Sicherheit und Orientierung auch dann erfüllen können, wenn alles im Fluss ist.

Bei dieser Neuverortung sind statische Regeln wenig hilfreich. Stattdessen benötigen wir übergeordnete Grundsätze, Prinzipien, die uns helfen zu verstehen, wie die Welt sich bewegt und welche menschlichen Dynamiken unser Arbeitsumfeld prägen. Dabei müssen wir aufpassen, diese Dynamiken nicht festzuschreiben. Denn die beobachteten Arbeitsprozesse und Teamkonstellationen sind nie statisch, sondern immer nur Momentaufnahmen. Prinzipien erlauben es uns, die Entwicklungen auf einer übergeordneten Metaebene zu verstehen, ohne im Detail stecken zu bleiben. Auf diesem Abstraktionsgrad, der von uns mit sehr konkreten Beispielen untermauert wird, eignet sich dieses Buch auch für Unternehmungen, die sich in Größe, Unternehmenskultur, Marktumfeld oder Rechtsform stark unterscheiden.

Lasst uns den Unterschied zwischen einem regelbasierten Ratgeber und unserem prinzipienorientierten Ansatz noch einmal anders veranschaulichen.

Stellen wir uns zwei verschiedene Welten vor: Die eine ist festgefügt und statisch. Sie gleicht einer gut geölten Maschine und lässt sich mit eindeutigen Begriffen beschreiben. Die Beziehungen zwischen einzelnen Elementen folgen konkreten Regeln von Ursache und Wirkung. Unsere zweite Welt ist anders. Sie ist dynamisch, vielfältig, multidimensional und verändert sich dauernd. Ihr Sinnbild ist das organisch gewachsene, sich ständig bewegende Netzwerk. Die erste Welt gleicht dem linearen, kartesischen Weltbild, die zweite dem der non-linearen Systemtheorie.

In diesem Buch beschreiten wir den letzteren, systemischen Pfad, indem wir zentrale Prinzipien beschreiben, die hinter den typischen Entwicklungsprozessen in Unternehmen liegen. Wir nutzen die Prinzipien, um Teams ihre eigenen Dynamiken bewusst zu machen und ihnen eine gemeinsame Sprache für die gemachten Erfahrungen anzubieten. Eine Sprache, die die Welt nicht unnötig fixiert und damit oft zu einer Verhärtung der bestehenden Strukturen und möglicher Konfliktsituationen beiträgt, sondern eine, die davon geprägt ist, dass die Situation im nächsten Moment schon wieder eine ganz andere sein kann.

Hier ist ein konkretes Beispiel für ein solches Prinzip, welches in der Organisationsentwicklung – und insbesondere in der Entwicklung zur Selbstorganisation – von zentraler Bedeutung ist: Es besteht ein dynamisches Gleichgewicht zwischen Struktur im Außen und Struktur im Inneren. [→ S. 24]

Wenn ein Team äußere Organisationsstrukturen und -prozesse reduziert, müssen die Teammitglieder mehr Strukturen in ihrem Inneren aufbauen. Umgekehrt gilt: Wenn ein Unternehmen starke Strukturen hat, ist es für Mitarbeiter weniger erforderlich, ihre individuellen Strukturen zu nutzen oder weiter zu entwickeln.

In diesem Handbuch bezeichnen wir mit „außen" alle sichtbaren und beschreibbaren Phänomene. Dazu zählen formale Strukturen und Prozesse, aber auch individuelle Verhaltensweisen, Kommunikationsformen und Kompetenzen. Im Gegensatz dazu bezeichnen wir mit „innen" Kompetenzen und Qualitäten, die nur individuell und subjektiv erfahrbar sind. Dazu zählen Gefühle, Vorlieben, Erwartungen und Bedürfnisse ebenso wie körperliche, emotionale und intellektuelle Wahrnehmungen. Menschen mit ausgeprägten inneren Kompetenzen sind mit sich selbst und ihrer Umwelt eng verbunden. Sie spüren, was sie selbst und andere brauchen, was ihnen und anderen guttut oder zusetzt und können dies auch klar kommunizieren. Sie nehmen ihre Außenwelt differenziert wahr, haben einen guten Überblick und können auch die unweigerlich auftretenden Widersprüche, Spannungen und Mehrdeutigkeiten anerkennen.

Das Gleichgewichts-Prinzip lässt sich an einem Beispiel veranschaulichen: Mitarbeiter einer bürokratischen Institution, eines Ministeriums oder einer Verwaltung, arbeiten arbeitstheoretisch in einem hierarchischen System, welches über statische Regeln, Absprachen und Rollenbeschreibungen, Geschäftsverteilungspläne und Organigramme gesteuert wird. Arbeitnehmer sind in der Regel nur verpflichtet, die Aufgaben zu erfüllen, die ihrer Rolle entsprechen. Kompetenzen wie die Fähigkeit, eigene Entscheidungen unabgestimmt zu treffen oder über Arbeitsprozesse an sich nachzudenken, sind weniger gefragt. Ebenso ist es vergleichsweise unbedeutend, ob Mitarbeiter sich am Arbeitsplatz wohlfühlen und ihre Potentiale entfalten können. Die äußere Struktur dominiert, während die individuellen inneren Empfindungen und Kompetenzen des Einzelnen relativ bedeutungslos sind.

An dieser Stelle sei vermerkt, dass es sich bei dieser Beschreibung um eine idealtypische Verallgemeinerung handelt, anhand deren wir verschiedene Prinzipien veranschaulichen möchten. Natürlich gibt es auch in der Praxis sehr gut funktionierende und sich dynamisch verändernde hierarchische Unternehmen. Dennoch stehen wir zu unserer Kernaussage: Ein hierarchisches System kann reibungslos funktionieren, ohne dass Mitarbeiter ihr Innenleben in die Arbeit einbeziehen.

In einem selbstorganisierten Team beziehungsweise in einer Organisation mit flachen und flexiblen Hierarchien ist das genau umgekehrt. Hier gibt es im Außen wenig Strukturen und vordefinierte Prozesse. Stattdessen hängt das Gelingen des Unternehmens maßgeblich von den inneren Fähigkeiten der Mitarbeiter ab. Wie motiviert sind sie? Können sie Situationen richtig einschätzen und selbstständig oder in Absprache adäquate Entscheidungen fällen? Sind sie in Krisen belastbar und können sie Konflikte klar und direkt ansprechen? Sind sie risikofreudig und trauen sich, Neuland zu betreten, um einen Innovationsvorsprung zu haben?

Während die Bürokratie idealtypisch wie ein stabiles, aber unflexibles Skelett ist, gleicht Selbstorganisation einem geschmeidigen Fischschwarm, der sich seiner jeweiligen Umgebung situativ anpasst, dabei aber auf die Intelligenz und Kommunikationsfähigkeiten seiner Einzelteile angewiesen ist.

Führungskräften und Coaches, die das Prinzip des dynamischen Gleichgewichts verstanden haben und die Logik ihres eigenen Arbeitsumfeldes richtig einschätzen können, fällt es einfacher, den nächsten sinnvollen Schritt in der Organisationsentwicklung zu gehen. Im Bewusstsein, dass äußere und innere Strukturen zusammenhängen, nehmen sie beide in den Blick.

So wie eine Abteilungsleiterin in einer Behörde, die zähe Strukturen auflockern möchte und eine Vorschrift abschafft. Dabei achtet sie darauf, dass ihre Mitarbeiter sich sicher und kompetent genug fühlen, um den neuen Entscheidungsfreiraum auch wirklich zu nutzen. Ist dies nicht der Fall, bemüht sie sich, die Entscheidungskompetenz der Mitarbeiter zu stärken. Sie arbeitet im Dialog heraus, was diese brauchen, um sich sicher zu fühlen. Bevorzugen sie mehr äußere Regeln und Strukturen oder möchten sie ihre eigenen Kompetenzen in bestimmten Bereichen gestärkt sehen? Gemeinsam reflektieren sie, was jeder Mitarbeiter braucht, um den neuen Spielraum, der durch die reduzierten Vorschriften entstanden ist, sinnvoll zu nutzen.

In diesem Handbuch stellen wir die grundlegendsten New Work- und Inner Work-Prinzipien vor und beschreiben, wie sie zusammenwirken. Diese Prinzipien können Dir und Deinem Unternehmen dabei helfen herauszufinden, welcher Grad an Agilität und Selbstorganisation zu Euch passt und wie Ihr ein Arbeitsmodell entwickeln könnt, welches auf Eure spezifischen Bedürfnisse und Interessen abgestimmt ist. Wir glauben nicht an allgemeingültige Rezepte, an Best Practice-Vorbilder. Stattdessen sind wir davon überzeugt, dass jedes Team für sich selbst herausfinden muss, welche Balance zwischen fester Struktur und Flexibilität, verbindlichen Regeln und Entscheidungsspielräumen in der aktuellen Konstellation am besten passt. Die folgenden Kapitel dienen dazu,

Dir und Deinem Team zu helfen, Eure neue Arbeitswelt selbst zu gestalten und wirksam und nachhaltig umzusetzen.

Beliebte Missverständnisse

Bevor wir richtig in den Prozess einsteigen, erscheint es uns sinnvoll, auf einige weitverbreitete New Work-Missverständnisse aufmerksam zu machen. Wir werden auf diese in den folgenden Kapiteln noch ausführlicher eingehen, möchten sie vorab aber schon einmal benennen.

① **Selbstorganisation führt man ein, indem man die Organisationsstrukturen völlig umkrempelt.**

Das kann man machen, es ist aber meistens nicht die beste Vorgehensweise. Wir raten dazu, von den Menschen in einem Unternehmen auszugehen, statt von dessen Strukturen. Nur solche Teams können sich selbst organisieren, die (entwicklungspsychologisch) reife Mitarbeiter haben. Mitarbeiter, die in der Lage sind, ihre eigenen Dynamiken und die ihrer Kollegen klar zu sehen und transparent miteinander zu kommunizieren. Selbstorganisation ist primär ein Kultur- und kein Strukturmodell. Für viele Teams machen individuelle Mischungen aus hierarchischen und selbstorganisierten Modellen mehr Sinn. Die richtige Passung findet man aber nur, wenn man die neue Organisationsstruktur von den Teammitgliedern ausgehend aufbaut, statt zuerst Strukturen und Prozesse zu verändern und dann von Mitarbeitern zu erwarten, dass sie sich in diese einfügen.

② **Alle Menschen wollen mehr Freiheit und weniger Struktur.**

Nicht unbedingt. Jeder von uns entwickelt ganz unterschiedliche Strategien, um sich im Leben sicher zu fühlen und auf dieser stabilen Basis erfolgreich zu arbeiten. Viele von uns haben gelernt, Sicherheit aus Strukturen und Regeln zu beziehen. So kommt es, dass neue Freiheiten bei vielen Menschen eher Unsicherheit und Stress auslösen. Selbstorganisation ist daher für einige Menschen eher ein Albtraum als die Erfüllung ihrer Träume. Dies spiegelt sich auch in Zahlen wider: Sowohl im **betterplace lab** als auch in den anderen von Bettina begleiteten Teams kündigten zwischen 10–20 % der Mitarbeiter, da sie die neuen freieren Organisationsstrukturen für sich als unpassend empfanden.

③ **Selbstorganisation bedeutet, dass jeder alles mitentscheidet.**
Bloß nicht! Selbstorganisation bedeutet, dass Teams die Kompetenz haben, gemeinsam herauszufinden, welche ihrer Mitglieder eine konkret anstehende Aufgabe am kompetentesten erledigen können, und dieser/diesen Person(en) die notwendige Macht und Verantwortung zu geben. Selbstorganisation ist kompetenzbasiert und sollte nicht mit Basisdemokratie oder Konsens verwechselt werden.

④ **Hierarchien und Vorgesetzte sind schlecht.**
Nein. Die Organisationsform sollte die Kompetenzen, Bedürfnisse und Interessen von Teams widerspiegeln. Teams, die feststellen, dass sie mit festen Hierarchien und Chefs am besten und produktivsten arbeiten, sind reifer und präziser als solche, die den Chef um jeden Preis abschaffen wollen, dafür aber nicht die notwendigen Fähigkeiten haben.

⑤ **Selbstorganisation, einmal eingeführt, läuft von selbst.**
Schön wär's. Selbstorganisation hängt maßgeblich von den einzelnen Beteiligten und ihren Kompetenzen ab. Da sich Unternehmen, Teams und Märkte ständig verändern und durch Personalwechsel neue Mitarbeiter dazustoßen, bedarf es eines kontinuierlichen Entwicklungs- und Reflexionsprozesses, der auch nach der ersten Umsetzungsphase weitergeht.

⑥ **Selbstorganisation ist effizienter, weil sie schlanker ist.**
Stimmt nur zum Teil. Selbstorganisation basiert auf klarer, offener und reflektierter Kommunikation. Da die wenigsten von uns diese Kommunikation in Elternhaus, Schule oder Ausbildung erlernen, müssen selbstorganisierte Teams Zeit und Geld einsetzen, damit sie die notwendigen Kompetenzen aufbauen.

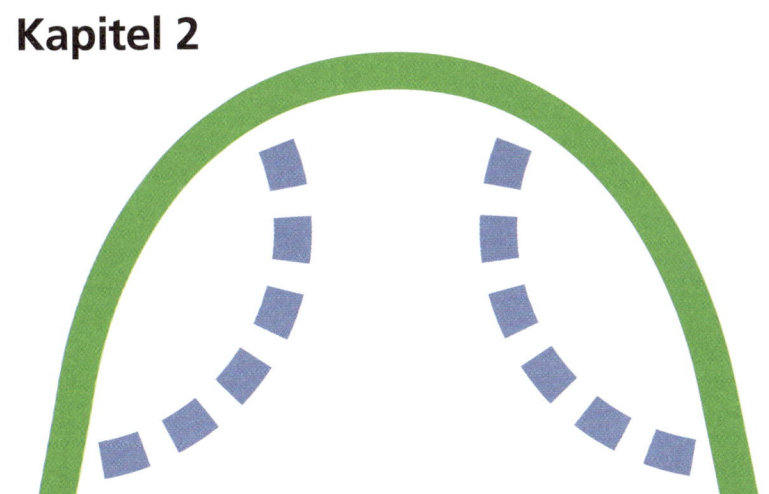

Kapitel 2

Außen und Innen

Was nützt mir in Rom der beste Stadtplan von Paris?

Walter Ludin, Schweizer Journalist und Aphoristiker

Für den größten Teil der Geschichte haben Menschen Hierarchien gebildet, wenn sie gemeinsam größere Aufgaben bewältigen wollten. Je arbeitsteiliger die Gesellschaft wurde, desto ausgeprägter wurden die Hierarchien und Machtunterschiede zwischen ihren einzelnen Ebenen. Feststehende, ausdrückliche Rangordnungen sind bis heute typisch für traditionelle Verwandtschaftsbeziehungen mit dem Vater als dem Oberhaupt der Familie. Sie prägen aber auch alle möglichen anderen Institutionen wie Armeen, Bürokratien und Firmen.

Auf der Achse möglicher Organisationsformen bildet Selbstorganisation den entgegengesetzten Pol. Ihn assoziieren wir vor allem mit der Schwarmintelligenz von Fischen, Vögeln und Ameisen. In den letzten Jahrzehnten spielt Selbstorganisation zudem eine immer größere Rolle in der Erforschung von allen lebenden Systemen, biologischen ebenso wie sozialen. So beschrieben Humberto Maturana und Francisco Varela (1974) den Prozess der Autopoiesis als einen Vorgang der Selbsterhaltung und -erschaffung eines biologischen Systems. Niklas Luhmann übertrug das Konzept auf soziale Systeme und erforschte, wie sich diese aus sich selbst heraus produzieren und reproduzieren (1984).

Zwischen den beiden Polen Hierarchie und Selbstorganisation gibt es eine große Bandbreite von Organisationsmodellen. Jede Variante drückt spezifische Bedürfnisse, Interessen und Werte aus. Zu Beginn eines jeden Entwicklungsprozesses ist es wichtig, die Organisation entlang dieses Kontinuums zu verorten. Wo zwischen den beiden Polen befindet sich die Unternehmung zum jetzigen Zeitpunkt?

Erst die Standortanalyse, dann die Veränderung

In unserer Arbeit mit Unternehmen beobachten wir immer wieder, wie Menschen von New Work-Prinzipien und Selbstorganisation inspiriert sind und diese in ihrer eigenen Organisation umsetzen wollen. Sie möchten beispielsweise Hierarchien abbauen, Entscheidungen demokratisieren, individuelle Spielräume vergrößern und Budgets neu verteilen. Doch bevor Unternehmen anfangen, sich grundsätzlich zu verändern, müssen sie sich zuerst einmal darüber klar werden, wo sich die eigene Organisation entlang der skizzierten Achse zwischen autoritärer Hierarchie und Selbstorganisation befindet. Um einen Veränderungsprozess zu gestalten, müssen wir wissen, von wo wir starten und wo wir hinwollen. Deshalb ist der erste Schritt auf dem Weg zur Selbstorganisation eine Standortbeschreibung: Wie arbeiten wir momentan zusammen und wie wird unsere Organisation geführt?

Um zu bestimmen, wie ein Team aktuell zusammenarbeitet und in welche Richtung sich dies verändern soll, benötigen wir eine gemeinsame Sprache. In diesem Kapitel stellen wir einige Prinzipien und Konzepte vor, mit denen Unternehmungen ihre aktuelle Positionierung erforschen und ein neues Zielbild bestimmen können. Kapitel 4 widmet sich dann der konkreten Standortanalyse.

An diese Stelle gehört aber auch eine Warnung: Für die Modelle ebenso wie für alle Verallgemeinerungen, die wir in diesem Buch verwenden, gilt der berühmte Satz des britischen Statistikers George E. P. Box: „Alle Modelle sind falsch und einige sind nützlich." Das heißt, alle Modelle sind Verallgemeinerungen und wir tun gut daran, sie kritisch zu hinterfragen, damit die vielen Varianten und Differenzierungen des realen Lebens nicht übersehen werden. Zugleich sind Modelle wertvoll, da sie uns eine Sprache anbieten, mit der wir unsere Wahrnehmungen und Erfahrungen mit anderen teilen können.

Woraus besteht eine Organisation?

Alle Organisationen, unabhängig davon, ob sie hierarchisch oder selbstorganisiert sind, bestehen aus mehr als ihren sichtbaren Strukturen und Prozessen. Sie haben auch eine innere Dimension, die nicht objektiv beobachtbar, sondern nur subjektiv erfahrbar ist.

Diese innere Dimension ist die Organisationskultur, bestehend aus den Bedürfnissen, Wahrnehmungen und Erwartungen, die sich in den Kommunikationsstilen und Verhaltensformen der beteiligten Mitarbeiter ausdrücken. Wie der Organisationstheoretiker Karl E. Weick schreibt: „Organisationen sind trotz ihrer scheinbaren Inanspruchnahme durch Fakten, Zahlen, Objektivität, Konkretheit,

Verantwortlichkeit in Wahrheit voll von Subjektivität, Abstraktion, Rätseln, Erfindung und Willkür".

Dieses Zusammenspiel aus äußeren und inneren Faktoren macht Führung und Zusammenarbeit sehr komplex. Die meisten Unternehmen versuchen, diese Komplexität durch Prozesse, Rollenbeschreibungen und Zielvereinbarungen zu beherrschen, und setzen ein gemeinsames Verständnis von Standardsituationen voraus. Indem sie die innere Dimension weitgehend ignorieren, zahlen sie aber einen hohen Preis. Ihre Mitarbeiter sind weniger zufrieden, innovativ und motiviert. Um dies zu verändern, müssen wir beide Dimensionen des Lebens gleichberechtigt betrachten.

Innen und Außen hängen eng miteinander zusammen. Daraus ergibt sich unser erstes Prinzip:

#1 Die innere Dimension prägt die äußere Dimension, ebenso wie die äußere die innere beeinflusst.

Die Kultur einer Unternehmung prägt die Arbeitsweise und Organisationsstruktur. Die Strukturen und Prozesse, in die wir eingebettet sind, beeinflussen wiederum die gelebten Werte und Kommunikationsstile, die Atmosphäre und Spielräume für subjektive Erfahrungen. In einer Unternehmung, in der Pflichterfüllung, Loyalität und das Einhalten von Regeln wesentliche Werte sind, drücken sich diese in der Außenwelt als Hierarchien, feste Rollenbeschreibungen und Regelprozesse aus.

Das gleiche Prinzip gilt auch für Individuen. Wir haben eine äußere Dimension, die sich in unserem Verhalten und unseren Kompetenzen ausdrückt. Unsere innere Dimension besteht aus unserer Weltsicht, unseren Bedürfnissen, Überzeugungen, Erwartungen, Haltungen, Werten und Interessen.

Dazu ein Beispiel: Die Chefin eines größeren Verbands ist davon überzeugt, dass die meisten Menschen keine eigenen Entscheidungen treffen wollen und Mitarbeiter stattdessen klare Vorgaben brauchen. Diese Weltsicht drückt sich in ihrem direktiven Führungsstil aus, bei dem Mitarbeiter genau gesagt bekommen, wie sie eine Aufgabe erledigen sollen. Einer ihrer Abteilungsleiter ist anderer Ansicht. Er geht davon aus, dass Menschen gerne selbst Verantwortung übernehmen und ihre jeweils eigenen Methoden haben, um ein Ziel zu erreichen. Dies drückt sich so aus, dass er mit Mitarbeitern gemeinsam Ziele entwickelt und viele Fragen stellt, ihnen ansonsten aber weitgehende Freiheiten lässt.

Ken Wilber hat die verschiedenen hier beschriebenen Dimensionen in einer Grafik zusammengetragen [→ S. 22]: Alle vier Dimensionen des Lebens sind gleichwertig. Keine ist der anderen übergeordnet, vielmehr beeinflussen und bedingen sie sich gegenseitig. Menschen brauchen äußere, materielle Strukturen und materielle Güter genauso wie innere, die der Welt erst Sinn und Bedeutung geben. Entgegen der Maslow'schen Bedürfnispyramide, derzufolge Menschen zuerst ihre elementaren Bedürfnisse nach Behausung und Nahrung befriedigen (in der Grafik rechts unten), bevor sie symbolische Güter (in der Grafik links unten) beanspruchen, wissen wir aus zahlreichen kulturanthropologischen Untersuchungen, dass Menschen bereit sind, auf materielle Grundbedürfnisse zu verzichten, wenn sie dafür geistige Nahrung erhalten und sich eine eigene Identität aufbauen können. So erklärt es sich, dass arme Slumbewohner ihr Geld teilweise eher für vergleichsweise luxuriöse Waren wie Fernseher, Handys oder Designerkleidung ausgeben als für Grundlebensmittel (Wilk 1990).

Ebenso können Organisationskulturen sich durch äußere als auch innere Impulse verändern. Unabhängig davon, wo die Veränderung beginnt, es ist immer wichtig, die andere Dimension im Blick zu haben und zeitnah miteinzubeziehen.

Veränderung in Organisationen

Im **betterplace lab** fingen wir den New Work-Transformationsprozess von außen an, indem das Team gemeinschaftlich neue Arbeitsprozesse und Organisationsstrukturen etablierte. Doch nachdem Joana ihre Leitungsrolle verlassen hatte, entstand zuerst einmal ein Vakuum, da niemand aus dem Team ihren speziellen Beitrag ersetzen konnte. Wer traute sich zu, schnelle Entscheidungen zu fällen? Wer sprach auf Augenhöhe mit Sponsoren und Kunden? Wer besaß die Autorität, einen schwelenden Konflikt anzusprechen? Die plötzlich übertragene Macht erzeugte bei vielen Mitarbeitern keine Freude, sondern großen Stress. Schnell merkten die Mitarbeiter, dass sie innere Klärungs- und Wachstumsprozesse nachziehen mussten, denn die veränderten Rollen und Verantwortlichkeiten erforderten neue psychologische Kompetenzen. Um richtungsweisende Ent-

Das AQAL-Modell (All Quadrants, All Levels)

Keks Ackerman CC BY-NC, basierend auf Ken Wilber

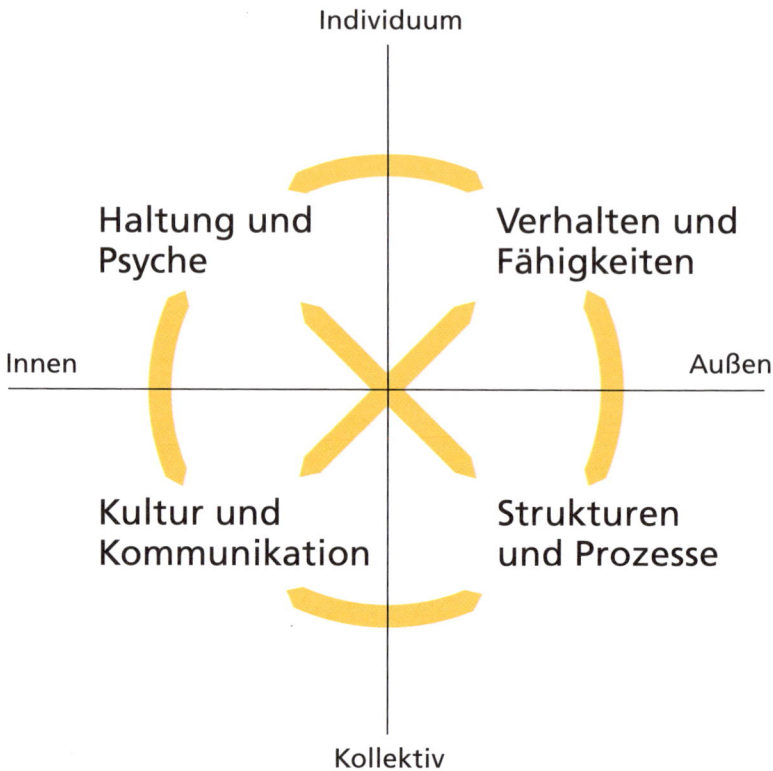

Individuum

Haltung und
Psyche

Verhalten und
Fähigkeiten

Innen

Außen

Kultur und
Kommunikation

Strukturen
und Prozesse

Kollektiv

scheidungen zu treffen oder untereinander ihre Gehälter zu verhandeln, mussten Teammitglieder lernen, offener, selbstbewusster, kritikfähiger und verletzbarer zu sein.

Die Veränderung kann aber auch von innen nach außen gehen. Dies ist in den meisten Fällen sogar der nachhaltigere Weg. In diesem Fall bemerken Teams und Leitung, dass die etablierten Managementprozesse – formale Strukturen, mechanische Prozessabläufe und Kontrollen – den Bedürfnissen der Mitarbeiter nicht mehr gerecht werden, da sie zu eng sind und Kreativität, Eigeninitiative und Potentialentfaltung im Weg stehen. In solchen Fällen beginnt Bettina ihre Arbeit damit, dass sie mit Chefs und Mitarbeitern eine Standortbestimmung der inneren Dynamiken – der Bedürfnisse und Interessen – vornimmt und auf der Basis dieser

Analyse ein neues (äußeres) Organisations- und Zusammenarbeitsmodell entwickelt.

Ashoka Deutschland war das Team, mit dem Bettina zum ersten Mal in dieser Reihenfolge – erst die (innere und äußere) Standortbestimmung, dann die reale Organisationsveränderung – arbeitete. **Ashoka** ist eine weltweite Organisation, die über 3.500 Sozialunternehmer mit Geld, Wissen und Netzwerk unterstützt. Zu Beginn des Organisationsentwicklungsprozesses arbeiteten im deutschen Länderbüro um die 15 Mitarbeiter mit einer Geschäftsführung. Als sie merkten, dass sie ihr Wirkungspotential innerhalb der Hierarchie nicht vollständig entfalten konnten, starteten sie den Transformationsprozess mit Bettina. Dieser dauerte 18 Monate und endete damit, dass **Ashoka Deutschland** seitdem selbstorganisiert arbeitet. Da der Prozess jedoch von innen nach außen erfolgte, verlief die Transformation runder und mit weniger Spannungen als im **betterplace lab**. Das **Ashoka** Team ist auch jetzt, Jahre nach der Einführung kollektiver Führungsprinzipien, mit dem Ergebnis höchst zufrieden. Sie sind genau dort gelandet, wo sie hinwollten, und ihre Arbeits- und Lebensqualität hat sich nachhaltig verbessert. Neben Beispielen aus dem **betterplace lab** werden wir in diesem Buch auch immer wieder auf konkrete Situationen bei **Ashoka** zurückgreifen.

Die Reihenfolge – von Innen nach Außen, von der Standortbestimmung zur Organisationsveränderung – haben wir auch für dieses Buch gewählt. Ungeachtet der Entwicklungsrichtung ist es für jede Unternehmung wichtig, dass sich äußere und innere Dimensionen entsprechen müssen. Unstimmigkeiten zwischen den verschiedenen Quadranten führen zu Reibungs- und Wirksamkeitsverlusten. Stimmen äußere und innere, individuelle und kollektive Dimensionen nicht überein, kommt es zu Problemen in Form von Motivationsschwierigkeiten, Stress, Ineffizienzen oder Qualitätsschwankungen. Mitarbeiter sind und bleiben nur dann motiviert, wenn ihre eigenen Werte in signifikantem Maß mit den gelebten Werten der Organisation übereinstimmen.

Das Verhältnis zwischen der inneren und äußeren Dimension lässt sich noch weiter konkretisieren:

#2 Außen und Innen stehen in einem dynamischen Gleichgewicht zueinander.

[→ S. 24]

Will ein bis dato hierarchisch geführtes Team selbstorganisierter arbeiten, wird es Schritt für Schritt äußere Strukturen abbauen. Sobald jedoch Prozesse und Strukturen verringert oder weniger formal gestaltet werden, müssen Teammitglieder Strukturen im Inneren aufbauen. Unter „inneren Strukturen" verstehen wir Kompetenzen wie höhere gedankliche und emotionale Klarheit, präziseres Wahrnehmungsvermögen und bessere Selbstkenntnis.

Diese Wechselwirkung hängt mit einer einfachen Tatsache zusammen: Feste Regeln, Ansagen und Prozessabläufe geben uns Halt und Orientierung. Sobald diese jedoch wegfallen, müssen wir in der Lage sein, Sicherheit und Orientierung in uns selbst und im Dialog mit den anderen zu finden. Innere Sicherheit gewinnen wir vor allem dadurch, dass wir einen guten Selbstkontakt entwickeln: wissen, wie es uns mental, emotional und körperlich geht. Zudem müssen wir in der Lage sein, unser eigenes Verhalten und das

Dynamische Balance zwischen Innen und Außen

Keks Ackerman CC BY-NC

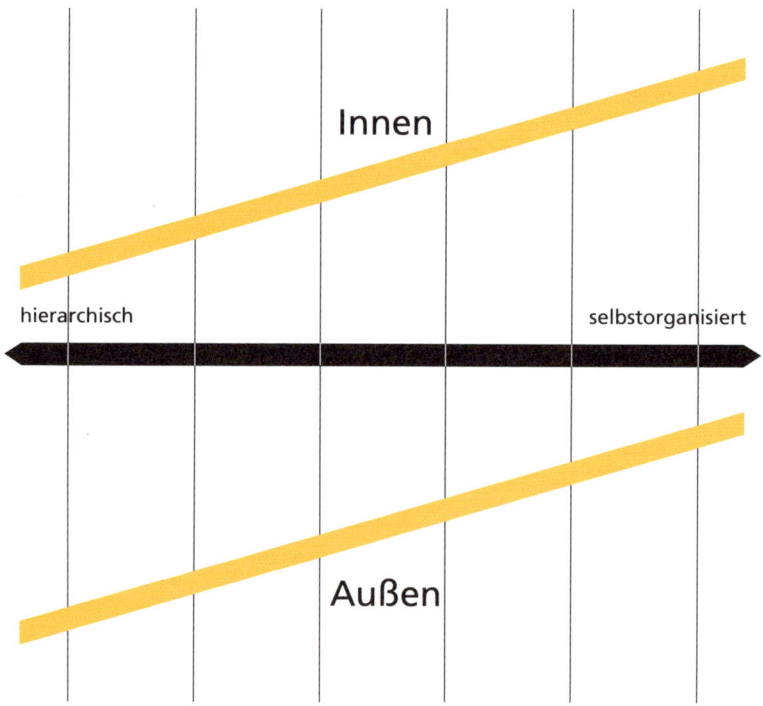

unserer Kollegen angemessen zu überdenken und die jeweiligen Bedürfnisse und Interessen zu erkennen.

Im Umkehrschluss gilt: Je mehr äußere Strukturen vorhanden sind, desto unwichtiger ist es, ob einzelne Mitarbeiter ein ausgeprägtes Gespür für sich und ihr Team haben.

Zwei Beispiele: In einem streng hierarchisch organisierten Unternehmen leistet ein Mitarbeiter schlechte Arbeit. Als sein Kollege kann ich davon ausgehen, dass unser Vorgesetzter ihn zur Rede stellt, ihn eventuell versetzt oder sogar entlässt. In einer rein selbstorganisierten Unternehmung gibt es diesen Chef, zu dem Schwierigkeiten eskaliert werden können, gar nicht. Ich selbst muss die Arbeitsqualität meines Kollegen im Blick haben und ihn gegebenenfalls auf Probleme ansprechen und diese konstruktiv bearbeiten. Dies erfordert von mir eine völlig andere Fähigkeit, meine Umwelt auf dem Schirm zu haben, Situationen einzuschätzen, Konflikte mutig anzusprechen und konstruktive Lösungen zu entwickeln.

Das Gleiche gilt auch fürs eigene Zeitmanagement. In konventionellen Unternehmen schützen feste Urlaubs- und Arbeitszeiten Mitarbeiterinnen davor, zu viel zu arbeiten. Werden aus Angestellten jedoch Mitunternehmer, liegt die Verantwortung, genügend Zeit für Regeneration einzuplanen, bei dem Einzelnen und dem gesamten Team. Sie müssen jetzt selbst darauf achten, dass niemand in die Selbstausbeutungsfalle läuft. Statt von äußeren Strukturen geschützt zu werden, müssen Mitarbeiter in sich hineinhören, um rechtzeitig zu wissen, wann sie eine Pause brauchen und welches Gleichgewicht zwischen Arbeit und Freizeit für sie stimmig ist.

Jeder Schritt in Richtung Selbstorganisation braucht somit eine Veränderung im Außen und im Innen. New Work braucht Inner Work. Immer.

Das Wichtigste auf einen Blick

- Um Entwicklungsprozesse erfolgreich zu gestalten, benötigen Teams eine gemeinsame Sprache und eine Landkarte, auf der sie sich und ihre Unternehmung verorten können.

- Modelle sind idealtypische Abstraktionen: Alle Modelle sind falsch und einige sind hilfreich.

- Das AQAL-Modell dient uns als Landkarte und Methode, um verschiedene Aspekte des Lebens zu unterscheiden: die äußeren, sichtbaren Dimensionen auf der einen und die inneren, erfahrbaren auf der anderen Seite.

- Diese beiden Dimensionen folgen zwei Prinzipien:

- Prinzip **#1** Die innere Dimension prägt die äußere Dimension, ebenso wie die äußere die innere beeinflusst.

- Prinzip **#2** Außen und Innen stehen in einem dynamischen Gleichgewicht zueinander.

- Verschiedene Organisationsformen drücken unterschiedliche Werte, Interessen und Qualitäten aus.

- Um eine Unternehmung weiterzuentwickeln, ist es unabdingbar, sich bewusst zu machen, wo sie aktuell steht.

 Praxisfragen

- Wie würdest Du die inneren und äußeren Dimensionen Deines Arbeitsplatzes, Teams oder Unternehmens beschreiben?

- Wie würdest Du Dich als Arbeitnehmer oder Chef in beiden Dimensionen beschreiben?

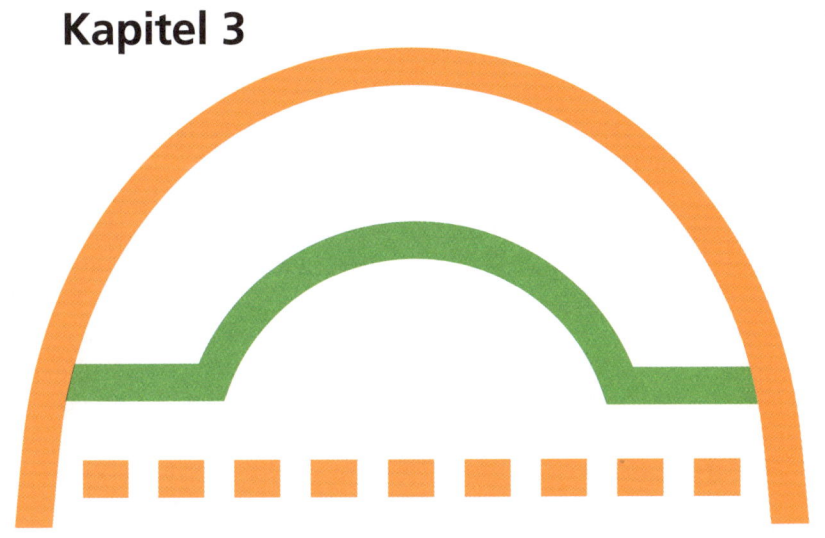

Kapitel 3

Instrumente für die innere Navigation

The first revolution is when you change your mind. The revolution will not be televised, brothers and sisters. The revolution will be live.

Gil Scott-Heron, US-Amerikanischer Soul- und Jazz-Dichter

Kennt Ihr diese Situation? In Eurem Team gibt es einen Kollegen, der ständig dazwischenfunkt. In Meetings, gerne gegen Ende, wenn eigentlich alles schon gesagt wurde, meldet er sich und hinterfragt noch einmal grundsätzlich das Besprochene. Vielleicht habt Ihr gerade die Kapazitätsverteilung für die nächsten Wochen geplant. Alle Teilnehmer haben ihre Rollen und Aufgaben verstanden. Dennoch sagt der Kollege: „Ich habe das Gefühl, wir haben noch nicht an alles gedacht und vieles ist unklar." Die Gruppe ist irritiert. Worauf will der Kollege eigentlich hinaus? Sieht er etwas, was die anderen übersehen? Was können sie jetzt am Ende des Meetings noch klären?

In hierarchischen Organisationen wird das Gespräch an dieser Stelle im Zweifel vom Chef beendet und Irritation und Spannung bleiben ungeklärt im Raum hängen. In selbstorganisierten Teams läuft das anders: Hier sind Teammitglieder geschult, zu hinterfragen, auf welcher Ebene ein Konflikt entsteht und auch gelöst werden kann. Wenn ein Kollege öfters Entscheidungen auf eine bestimmte, pauschale Art hinterfragt, die die Kollegen nicht nachvollziehen können, nehmen sie das als Zeichen, dass sie die Sachebene verlassen müssen, um herauszufinden, was hinter dem Verhalten des Kollegen steckt. Offensichtlich geht es ihm gar nicht um die Kapazitätsplanung. Seine eigene Irritation, die er auf das Team projiziert, entsteht vielmehr auf der unsichtbaren Ebene der Gefühle und Bedürfnisse.

Eine gute Methode, um die verschiedenen Ebenen der Interaktion in Teams zu erforschen, ist der Eisberg. [→ S. 30] Oberhalb der Wasseroberfläche ist unser sichtbares Verhalten, das, was in Teams gesagt und getan wird. Dies ist die Ebene, mit der wir alle am meisten vertraut sind. Unterhalb der Wasseroberfläche liegt aber noch eine ganze andere Welt, bestehend aus Gedanken und Gefühlen, Bedürfnissen und Interessen. Diese ist zwar meist unsichtbar und dem Einzelnen oft gar nicht bewusst, sie beeinflusst aber dennoch maßgeblich unser Verhalten und unsere Kommunikation.

Die Informationen unter der Wasseroberfläche ermöglichen es Teams, ihre Kommunikationsmuster inklusive möglicher Spannungen oder Irritationen besser zu verstehen. Was denken und fühlen wir, wenn wir uns auf eine bestimmte Art und Weise verhalten? Was ist uns jetzt gerade besonders wichtig? Was brauchen wir und wie können wir es bekommen?

Wenn Teams in der Lage sind, alle Ebenen des Eisbergs einzubeziehen – also nicht nur die äußeren Verhaltensweisen wahrzunehmen, sondern auch die Innenwelten ihrer Mitglieder –, können sie viele Situationen situativ und autonom, ohne hierarchische Regeln meistern.

Um auf das Eingangsbeispiel zurückzukommen: Ein Team, welches nur das äußere Verhalten eines Mitarbeiters einbezieht, hat wenig Möglichkeiten, die entstandene Irritation aufzulösen, und ist auf den Chef angewiesen, der das Meeting beendet. Wenn sich ein Team jedoch in der Unterwasserwelt auskennt, kann es herausfinden, was hinter dem Einwurf des Kollegen steht, und die Irritation untereinander aufklären.

In diesem Kapitel werden wir uns näher damit beschäftigen, was es bedeutet, wenn Teams sich die Welt unterhalb der Wasserfläche erschließen. Für die inneren Prozesse der Organisationsentwicklung werden wir im Verlauf dieses Handbuchs immer wieder das AQAL-Modell aus Kapitel 2 heranziehen. Darüber hinaus benötigen wir jedoch noch eine Reihe weiterer Instrumente, die wir im Folgenden vorstellen.

Die individuelle innere Dimension

Im Gegensatz zu den äußeren Dimensionen sind uns die inneren Aspekte von Individuen und Gruppen weit weniger geläufig. Hier fehlen uns vielfach greifbare Konzepte und eine Sprache, mit der wir Phänomene zuerst selbst verstehen und dann mit anderen besprechen können. Dies wird zusätzlich dadurch erschwert, dass das Vokabular für unsere innere Erfahrungswelt leicht als esoterisch, unscharf, abgehoben oder psychologisierend wahrgenommen und damit häufig abgewertet wird. Wir hoffen, dass die von uns eingeführten Konzepte im Gegensatz dazu verständlich und nachvollziehbar sind.

Das Eisberg-Modell zur Selbstreflexion

Keks Ackerman CC BY-NC, basierend auf Nadjeschda Taranczewski

Erfahrungen und Erleben

Wir nehmen die Welt in jedem Moment auf (mindestens) drei verschiedenen Ebenen wahr:

- **Körperlich**, wie Anspannung, Entspannung oder Schmerz
- **Emotional**, wie Freude, Neugier, Angst, Trauer, Scham, Ekel, Ohnmacht oder Wut
- **Mental**, wie Gedanken oder Bilder

Die drei Ebenen drücken sich durch unser Verhalten, unsere Mimik und Gestik aus und beeinflussen sich gegenseitig. Sind wir beispielsweise gestresst und ängstlich, können wir nicht lernen und kreativ sein. Umgekehrt sind wir, wenn unser Körper entspannt ist und wir uns freuen, großzügiger und kreativer. Positive Gedanken wirken sich vorteilhaft auf unsere Gesundheit aus (Scheier, Carver 1985).

Jede Erfahrung hat einen Auslöser. Der kann im Außen liegen: Ein Kollege macht uns mit seinem rücksichtslosen Verhalten wütend. Oft liegen die Gründe aber auch im Inneren: Der Kollege, der uns wütend macht, erinnert uns unbewusst an den größeren Bruder, der uns als Kind geärgert hat. Jetzt berührt der Kollege diesen alten wunden Punkt und löst damit Wut aus. So wie in diesem Beispiel sind es oft unsere Vorerfahrungen, die unser aktuelles Erleben beeinflussen. Oft sind wir uns dessen aber nicht bewusst, sondern versuchen, das Problem im Außen zu lösen.

Bedürfnisse, Werte und Interessen

Um unsere subjektiven Erfahrungen und unser Verhalten besprechbar und verständlich zu machen, hilft es sich in Teams über die Werte, Interessen und Bedürfnisse jedes Einzelnen bewusst zu werden.

Werte beziehen sich auf die Eigenschaften, Handlungsmuster und Ideale, die wir als erstrebenswert, wichtig und richtig erachten. Unsere Werte beeinflussen, welche Weisen, Mittel und Ziele des Handelns wir auswählen – also wie wir uns verhalten (Kluckhohn 1951). Wenn für einen Chef Verlässlichkeit wichtig ist, wird er voraussichtlich im Projektmanagement klare Strukturen und Absprachen bevorzugen. Ist ihm Kreativität wichtiger, wird er Projekte so managen, dass viel freier Experimentierraum vorhanden ist.

Hier ist eine Beispielliste mit Werten:

Akzeptanz	Nachhaltigkeit	Achtsamkeit	Selbstständigkeit
Spiritualität	Gesundheit	Natürlichkeit	Aufregung
Verantwortung	Hilfsbereitschaft	Neugierde	Stabilität
Balance	Hoffnung	Sicherheit	Dankbarkeit
Gemütlichkeit	Humor	Fröhlichkeit	Zuneigung
Ruhm	Intuition	Optimismus	Vertrauen
Effizienz	Gleichheit	Ordnung	Toleranz
Zeit für mich	Kreativität	Verlässlichkeit	Treue
Engagement	Wissen	Beliebtheit	Großzügigkeit
Einfachheit	Qualität	Erfolg	Objektivität
Flexibilität	Liebe	Gerechtigkeit	Transparenz
Fortschritt	Loyalität	Realismus	Bescheidenheit
Freiheit	Überlegenheit	Wohlstand	Offenheit
Nähe	Leidenschaft	Kooperation	Authentizität
Herausforderung	Mitgefühl	Schönheit	Ehrlichkeit

Auch wenn Werte unser Verhalten leiten, sind sie oft abstrakte Konzepte, die höchst unterschiedlich ausgelegt werden können. Deshalb ist es hilfreich, die konkreten Interessen und Qualitäten zu ermitteln, die hinter den Werten stehen. So kann man beispielsweise fragen: Welche konkreten Verhaltensweisen verbindest Du mit diesem Wert? Oder: Woran merken wir, dass diese Qualität in unserem Team gelebt wird?

Interessen liefern uns auch einen guten Lösungsansatz im Konfliktfall. So sieht das berühmte „Harvard Konzept" der Verhandlungsführung vor, dass wir die Interessen der Personen und nicht die sichtbaren Positionen in den Mittelpunkt stellen (Ury, Fisher 1984). Wenn ich besser verstehe, was meinem Gegenüber wichtig ist, entstehen neue Lösungsräume.

Werte und Interessen sind immer eng mit unseren Bedürfnissen verknüpft. Unter den vielen kursierenden Bedürfnismodellen finden wir eines besonders hilfreich, das auf dem Grundkonflikt zwischen zwei Grundbedürfnissen basiert (Mentzos 2011), und formulieren es als drittes Prinzip:

#3 Wir pendeln im Leben zwischen unserem Bedürfnis nach Zugehörigkeit und dem nach autonomem Selbstausdruck. Auf der einen Seite brauchen wir Sicherheit, Planbarkeit und Orientierung, sehnen uns aber auch nach Freiheit, Wandel und Wachstum. [→ Grafik, S. 34]

Vielen von uns fällt es schwer, diese beiden Pole in einem gesunden Gleichgewicht zu halten. Oft fühlt es sich so an, als müssten wir uns für den einen oder anderen entscheiden. Tatsächlich pendeln wir uns täglich mit jeder neuen Entscheidung irgendwo auf der Achse zwischen den beiden Bedürfnissen ein. Bei kleinen Kindern, die gerade laufen lernen, kann man dies wunderbar beobachten. Sie laufen von ihren Eltern weg, um ihre Umgebung zu erforschen. Doch nach ein paar Metern kehren sie meist schnell in die Arme der Eltern zurück, um sich zu entspannen. Kurz darauf ziehen sie wieder los und das Spiel beginnt von vorne.

Auch als Teammitglieder oder Führungskräfte bewegen wir uns zwischen den Polen. Dabei ist es hilfreich, für sich selbst zu verstehen, wie wichtig Zugehörigkeit und Selbstausdruck jeweils sind und was uns ein Gefühl von Sicherheit und Wachstum gibt. Dabei ist jeder Mensch anders. Joana beispielsweise bezieht sehr viel Sicherheit aus ihrer Familie, ihrem Mann und ihren Kindern. Im Berufsleben möchte sie vor allem Innovationen vorantreiben und kontinuierlich ihre eigenen Grenzen erweitern. Sie möchte immer wieder aus der Komfortzone heraustreten und sich von Unbekanntem überraschen lassen. Bettina wiederum findet Sicherheit in einer Mischung aus Autonomie – also Dinge selbstständig umsetzen zu können – gepaart mit einem verlässlichen Grad an Stabilität und Vorhersagbarkeit in ihrer Beziehung und im Freundeskreis. Gleichzeitig sucht sie immer wieder nach etwas Neuem, um sich auszuprobieren und dazuzulernen.

Manche Menschen fühlen sich sicher, wenn sie sich auf äußere Regeln und Strukturen verlassen können. Für andere ist es wichtig, von Gleichgesinnten umgeben und mit ihnen einer Meinung zu sein. Wiederum anderen ist ihre Umwelt relativ egal. Sie ruhen in ihrer eigenen inneren Klarheit und Verbundenheit mit sich selbst.

Unsere Grundbedürfnisse nach Sicherheit/Zugehörigkeit und Wachstum/Selbstausdruck

Keks Ackerman CC BY-NC

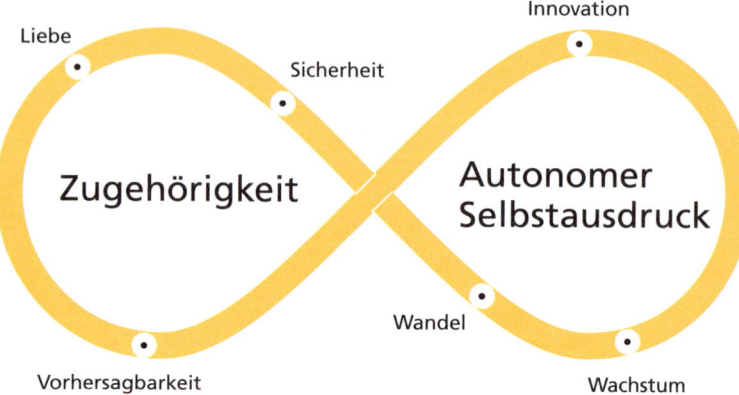

Für ein tieferes Verständnis von Führung und Zusammenarbeit und der ihnen zugrunde liegenden Fähigkeiten müssen Mitarbeiter diese inneren Dimensionen – ihre Bedürfnisse und Werte, ihr körperliches und emotionales Erleben, ebenso wie ihre Gedanken und das Verhalten, das diese steuern, – ausreichend auf dem Schirm haben. Hierzu eignet sich die oben erwähnte und im Anhang ausführlicher beschriebene Eisberg-Übung. [→ S. 144]

Das AQAL-Modell ebenso wie der Eisberg sind Basismodelle für den gesamten Organisationsentwicklungsprozess und werden von Bettina im ersten Workshop eingeführt. Weitere, darauf aufbauende Übungen helfen Teams dabei, einen vertrauensvollen, sicheren Raum zu etablieren, in dem Mitarbeiter sich trauen, etwaige Bedenken zu äußern und Schüchternheit zu überwinden. Von Anfang an lernen sie, mit neuen Kommunikations- und Reflexionsformen zu experimentieren. Diese Arbeit setzt sich im ganzen Organisationsprozess fort, denn Kommunikations- und Reflexionskompetenzen sind wie Muskel, die man kontinuierlich gemeinsam trainieren muss, damit sie mit der Zeit selbstverständlicher Teil der Unternehmenskultur werden.

Lernen in der Inspirationszone

In dem gesamten Organisationsprozess ist es wichtig, dass Menschen ein gutes Gleichgewicht zwischen ihrem Sicherheitsbedürfnis und ihren Lern- und Wachstumsprozessen finden. Die Grafik auf S. 36 veranschaulicht den Lernprozess.

Um uns zu entwickeln, müssen wir aus unserer Komfortzone, dem Bereich, in dem wir uns leicht und bequem bewegen können, heraustreten. Erst in der Inspirationszone fängt Lernen an. Je weiter wir uns aus der Komfortzone entfernen, desto größer wird die Herausforderung und desto mehr neue Ressourcen (intern oder extern) müssen wir aufbauen oder heranziehen, um sie meistern zu können. Lernen innerhalb der Inspirationszone kann zwar anstrengend sein, sollte aber immer noch von der eigenen Motivation und Inspiration getragen sein. Am „growing edge" liegt unsere Wachstumsgrenze. Hier wird es richtig anstrengend und um sie zu expandieren, müssen wir wahrscheinlich noch mehr Altes ablegen und das in der Inspirationszone bislang neu gelernte vollständig verarbeiten. In der Terrorzone schlussendlich sind wir aus dem gesunden Lerngleichgewicht herausgefallen. Wir fangen an, uns übermäßig anzustrengen und können im Burnout enden. In Teams ist es wichtig transparent darüber zu sprechen, in welchen Lernzonen sich Mitarbeiter befinden. Denn auch wenn manche Unternehmen der Ansicht sind, Mitarbeiter müssten bis an ihre Leistungsgrenzen gehen, ist dies schlecht für die Gesundheit des Einzelnen und die Firmenkultur. Für Mitarbeiter bietet es sich an, ihre individuelle Lernbalance regelmäßig, beispielsweise im Rahmen des Teammeetings, zu reflektieren.

Bis jetzt haben wir uns mit dem Innenleben eines Menschen befasst. Aber auch auf der kollektiven Ebene gibt es eine innere Dimension. Es ist die der Kultur, mit ihren Normen und Werten, Tabus und Erwartungen.

Lernen in der Inspirationszone

Keks Ackerman CC BY-NC, basierend auf Nadjeschda Taranczewski

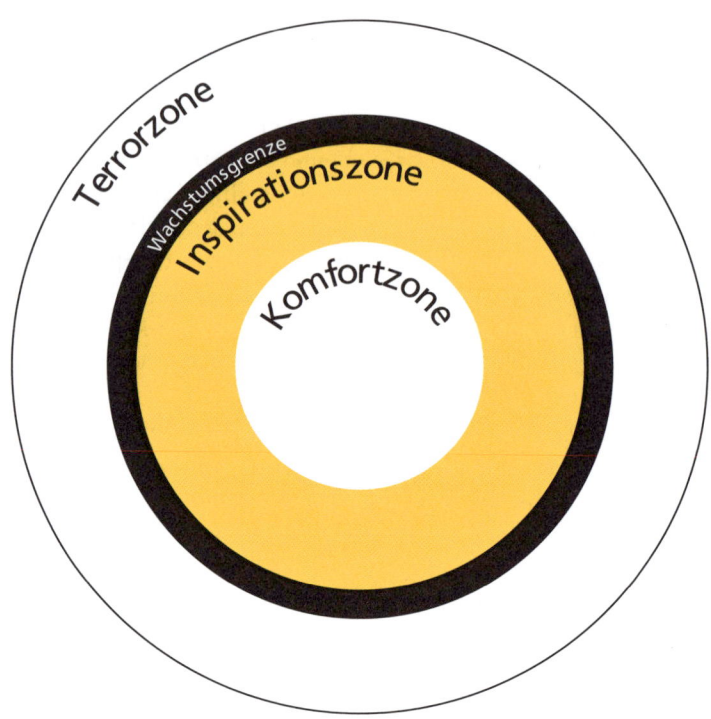

Die kollektive innere Dimension

Unternehmenskulturen bestehen aus einer Mischung aus historisch gewachsenen, oft unausgesprochenen Mustern und den jeweiligen dort handelnden Individuen. Kultur ist nie einheitlich, sondern besteht immer aus unterschiedlichen, oft sich spannungsreich gegenüberstehenden Elementen. Kultur ist prinzipiell dynamisch und in einem ständigen Veränderungsprozess begriffen. Jedoch neigen viele Unternehmen dazu, sie künstlich zu stabilisieren, und verhindern so, dass Mitarbeiter Kultur aktiv mitgestalten und weiterentwickeln. Mitarbeiter stehen somit oft in einem Spannungsfeld. Sie jonglieren zwischen dem, was sie persönlich als wichtig und richtig empfinden, und dem, was unausgesprochen gefordert und vorgelebt wird. Im positiven Fall kann eine Unternehmenskultur auf Mitarbeiter inspirierend und motivierend wirken. Im negativen Fall demotiviert sie oder erzeugt Spannungen bis hin zum Burnout.

Wie schon weiter oben angedeutet, zahlen Unternehmungen und ihre Mitarbeiter einen hohen Preis dafür, dass sie die inneren Dimensionen von Zusammenarbeit und Führung weitgehend ignorieren. Denn indem sie versuchen, die Organisation nur mit äußeren wiederholbaren Abläufen und Prozessen zu steuern, nehmen sie sich den Bewegungsspielraum, viel dynamischer und situationsbezogener (kontextueller) zu handeln.

Wie werden Organisationsstrukturen flüssiger?

Ziel von New Work ist es aber gerade, „flüssiger" zu werden, mehr informelle, kreative Impulse im Unternehmen zu entwickeln, diese aufzugreifen und umzusetzen.

Die Fähigkeit beweglicher und flüssiger zu handeln, ist nicht in allen Situationen gleich wichtig. Teil des New Work-Kompetenz-Sets ist es entscheiden zu können, welche Werkzeuge und Prozesse zu welchen Situationen passen. Auch wenn viel darüber gesprochen wird, dass sich unsere Welt in einer sogenannten VUCA-Phase befindet, also „volatile, uncertain, complex and ambiguous" ist (Bennis, Nanus 1985), sind viele Aufgaben einfach und lassen sich gut mit Standardprozessen bearbeiten. Für komplexe Sachverhalte sind wiederum agile Methoden angemessener. New Work bedeutet, dass Unternehmensmitarbeiter in der Lage sind, für die unterschiedlichen Situationen und Anforderungen die jeweils passenden Ansätze zu finden.

Möchten Unternehmen flexibler werden, setzt dies voraus, dass sie die innere Dimension in ihre Transformationsprozesse mit einbeziehen. Einer der wichtigsten Gründe, weshalb so viele Change-Projekte scheitern (eine McKinsey-Studie aus dem Jahr 2015 spricht von fast 70 %) ist der, dass Veränderungsmaßnahmen nur die äußeren Quadranten [→ Grafik, S. 22] betreffen, während die Haltungen und Denkmuster der Mitarbeiter unberührt bleiben und auch die Unternehmenskultur sich, wenn überhaupt, nur oberflächlich wandelt. Damit ist jede nachhaltige Transformation zum Scheitern verurteilt.

In einer Zeit, in der sich Produktzyklen, Märkte und Konsumentenvorlieben schneller denn je verändern und viele Mitarbeiter sich ebenfalls mehr Gestaltungsfreiraum wünschen, müssen wir Innen und Außen einbeziehen. Im Außen verflüssigen wir Strukturen und schaffen Raum für Selbstorganisation. Im Inneren bauen wir Orientierung und Kompetenz auf, um uns selbst zu führen, unsere unterschiedlichen Persönlichkeiten aufeinander abzustimmen und gemeinsam unser komplexes Arbeitsumfeld zu navigieren.

Das Wichtigste auf einen Blick

- Die innere individuelle Dimension eines Menschen umfasst Bedürfnisse, Werte, Gefühle und Gedanken. Sie alle drücken sich in unserem Verhalten aus.

- Prinzip **#3** Wir pendeln im Leben zwischen unserem Bedürfnis nach Zugehörigkeit und dem nach autonomem Selbstausdruck. Auf der einen Seite brauchen wir Sicherheit, Planbarkeit und Orientierung, sehnen uns aber auch nach Freiheit, Wandel und Wachstum.

- Teams müssen die Fragen, die sich aus Prinzip #3 ergeben, gemeinsam klären: Welche Rolle spielen Sicherheit bzw. Freiraum in ihrem Arbeitsalltag?

- Instrumente wie der Eisberg können Individuen und Teams dabei helfen, die inneren Dimensionen zu erschließen und besprechbar zu machen. Wenn wir lernen und wachsen wollen, müssen wir aus unserer Komfortzone heraustreten.

- Teams brauchen genügend Unterstützung für einen produktiven Wachstumsprozess. Andernfalls landen sie in der Terrorzone.

- Die innere kollektive Dimension besteht aus den historisch gewachsenen Werten und Mustern und die beeinflussen, wie wir führen und zusammenarbeiten.

- Um der Komplexität und den schnellen Veränderungen unserer Zeit angemessen zu begegnen, müssen Menschen die äußeren und inneren Dimensionen miteinbeziehen.

Praxisfragen

- Mach die Eisberg-Übung [→ Übungen, S.144] – entweder alleine oder mit einem Partner.

- Was brauchst Du in Deinem Arbeitsalltag, damit Sicherheit/ Zugehörigkeit und Wachstum/Selbstausdruck (Prinzip #3) in einem guten Gleichgewicht sind?

- Was brauchst Du, um gut zu lernen? Woran merkst Du, dass Du in der Inspirationszone bist? Welche Signale sagen Dir, dass Du in der Terrorzone bist?

Standortbestimmung: Führung und Zusammenarbeit

Wer nicht weiß, daß er eine Maske trägt, trägt sie am vollkommensten.

Theodor Fontane, deutscher Schriftsteller

Als Joana beschloss, ihre Führungsrolle aufzugeben und im **betterplace lab**-Team eine neue, geteilte Führungsform einzuführen, ging sie davon aus, dass jeder Mitarbeiter glücklich sein würde, einen viel größeren Gestaltungsraum zu haben. Sie müsste nur dafür sorgen, ihr eigenes Wissen und ihre Netzwerke breiter als bisher im Team zur Verfügung zu stellen, und schon würde jeder Kollege eigene Ideen entwickeln, sich vernetzen und Gelder für die Umsetzung beschaffen.

Es kam Joana nicht in den Sinn, dass ihre Kollegen andere Bedürfnisse und Kompetenzen hatten – sie schloss von sich auf die anderen. Das geht vielen Menschen so: Sie erheben ihr eigenes Lebensgefühl zur Norm. Zwar war das **betterplace lab**-Team neugierig auf das von Frederic Laloux in **Reinventing Organizations** beschriebene Organisationsmodell, aber niemand wusste so genau, unter welchen Voraussetzungen Selbstorganisation möglich war. Was würde jeder Einzelne brauchen, um so frei zu arbeiten, qualitätsvolle Produkte zu entwickeln und dafür die passenden Kunden zu gewinnen?

Als nach wenigen Monaten das Team immer mehr Stress und Ängste, Frustration und Orientierungslosigkeit empfand, mussten Joana und ihre Kollegen einen Schritt zurücktreten. Statt aktionistisch nach vorn zu preschen, war es an der Zeit, stillzustehen und eine Standortanalyse zu machen. Erst jetzt bemühte sich das Team, zu verstehen, welcher Kollege welche Informationen oder Unterstützung brauchte, um ein kreativer, zuverlässiger Bestandteil des selbstorganisierten Teams zu sein. Sie fanden heraus, dass jeder von ihnen unterschiedliche Vorstellungen von Führung und Zusammenarbeit hatte. Insbesondere wurde deutlich, wie wichtig es für viele war, sich im Beruf sicher zu fühlen. Da Joana selbst auf äußere Sicherheit wenig Wert gelegt hatte, ihre Mitarbeiter aber durch ihre Präsenz und Leitung viel Stabilität erfahren hatten, erzeugte Joanas Weggang ein Vakuum. Unsicherheit machte sich breit. Wer würde jetzt neue Kunden akquirieren, Konflikte im Team lösen oder Inspirationen einbringen? Erst nachdem die bislang unausgesprochenen Bedürfnisse und Annahmen aller Mitarbeiter explizit gemacht worden waren, konnten Mitarbeiter verstehen, wie unterschiedlich sie „tickten". In diesem Prozess lernten alle Beteiligten, die ehemalige Chefin ebenso wie die Mitarbeiter, ganz neue Aspekte ihrer eigenen Persönlichkeitsstruktur kennen und konnten auf dieser Basis konstruktive Lösungen aufsetzen.

Vor jedem Veränderungsprozess steht eine Standortbestimmung. Nur wenn wir wissen, wo wir herkommen und von wo wir starten, können wir die Reise zu einem bestimmten Ziel planen. Deshalb startet die New Work-Reise damit, dass Teams besser verstehen, wie sie aktuell zusammenarbeiten und geführt werden.

Wenn Bettina Organisationen coacht, lässt sie Mitarbeiter zuerst herausarbeiten, was sie genau unter Führung verstehen. Welche Elemente von Führung sind ihnen wichtig und schaffen in ihren Augen ein gutes Arbeitsklima?

Grundelemente guter Führung

Im Lauf der Zeit haben sich einige Grundelemente herauskristallisiert, die fast alle Teams unabhängig von Größe, Branche oder Organisationsform nennen. Gute Führung deckt Folgendes ab:

Vision	Verlässlichkeit	Wertschätzung	Vertrauen
Klarheit	Verantwortung	Feedback	Struktur
Orientierung	Transparenz	Mentoring	Emotional sicherer Raum
Sinnstiftung	Prozesse	Mitarbeiterentwicklung	
Wirkung			

Eine ähnliche Liste entstand im Zuge des Aristoteles-Projekts von Google, welches die Merkmale erfolgreicher Teams erforschte (Duhigg 2016). Entgegen der landläufigen Meinung, Teams mit den brillantesten Mitarbeitern würden am meisten leisten, stellte sich heraus, dass Höchstleistungen auf eine Mischung aus fünf ganz anderen Faktoren zurückgeführt werden konnten.

Die Spezialmischung („Special Sauce") bestand aus:

1. **Verlässlichkeit**
2. **Struktur und Klarheit**
3. **Sinnhaftigkeit**
4. **Wirksamkeit**
5. **Psychologischer Sicherheit**

Nun könnte man meinen, dass sich alleine aus diesen Grundelementen schon ein konkretes Führungs- und Zusammenarbeitsmodell ableiten ließe. Wenn Chefs zuverlässig sind, Mitarbeiter den Sinn ihrer Arbeit im Gesamtzusammenhang verstehen und sehen, dass diese Wirkung erzielt, müsste alles klappen. Doch so einfach ist es nicht, denn hinter jedem Begriff versteckt sich ein ganzes Arsenal von Möglichkeiten.

Nehmen wir die Forderung nach „Klarheit". Diese lässt sich höchst unterschiedlich interpretieren und in der Praxis umsetzen. So mag der eine Chef davon ausgehen, dass seine Mitarbeiter durch konkrete Leistungsziele, sogenannte Key Performance-Indikatoren (KPIs), Orientierung und Klarheit erhalten, während ein anderer Rollen und Aufgabengebiete einzelner Teammitglieder klar definiert.

Teams dürfen sich bei ihrer Standortbestimmung also nicht mit unscharfen Oberbegriffen zufrieden geben, sondern müssen tiefer bohren: Was genau ist uns wichtig und welche Annahmen und Prozesse verbergen sich in unserer Arbeitspraxis ganz konkret hinter den pauschalen Begriffen?

Wie entsteht psychologische Sicherheit?

Bei der Beschäftigung mit dem Thema Führung spielt Sicherheit eine besonders wichtige Rolle. Sicherheit ist, wie im vorherigen Kapitel unter Prinzip #3 ausgeführt, nicht nur eines unserer existentiellen Grundbedürfnisse. Sie nimmt auch im Arbeitsleben einen zentralen Platz ein. Im Gegenzug macht sich Unsicherheit in Form von Ängsten, Stress und Burn-out bei dem Einzelnen bemerkbar und hat darüber hinaus schwere negative Folgen für das Gesamtunternehmen. Aber obwohl Sicherheit so wichtig ist, sprechen wir darüber nur sehr selten. Das Thema erscheint uns meist zu persönlich und ist zudem negativ besetzt. Wer möchte sich vor seinen Kollegen und der Chefin schon unsicher und ängstlich zeigen? Alles in unserem Berufsleben ist darauf ausgelegt, Stärken zu zeigen und Schwächen zu kaschieren. Doch diese Haltung, so „normal" sie uns auch erscheinen mag, ist mit New Work-Prinzipien schwer vereinbar, geht es doch darum sich „als ganzer Mensch" am Arbeitsplatz zu zeigen. Was das genau bedeutet, wird uns in den nächsten Kapiteln ausführlicher beschäftigen.

Um herauszufinden, wo ein Team aktuell steht und welche Formen der Zusammenarbeit und Führung zu seinen Bedürfnissen passen, fragt Bettina, was die oder der Einzelne jeweils braucht, um sich im Team oder bei der Arbeit sicher zu fühlen. Meist bekommt Bettina darauf eine ganze Palette an Antworten. Viele Mitarbeiter verbinden Sicherheit mit stabilen Prozessen, klaren Rollenbeschreibungen und Zielvorgaben, aber auch mit Begriffen wie Wertschätzung, Empathie und Verlässlichkeit, Ehrlichkeit und Unterstützung, Vertrauen und Freiraum.

Viele dieser Begriffe sind identisch mit denen, die weiter oben als Merkmale von Führung auftauchen. Führung gibt uns also Sicherheit.

Die Hälfte der Begriffe bezieht sich auf die äußeren Dimensionen. Für viele von uns entsteht Sicherheit im Team durch Faktoren wie verlässliche Strukturen und Prozesse, klar abgegrenzte Rollen und Zielvorgaben. Im Zuge der Entwicklung hin zu mehr Selbstorganisation verringern wir jedoch diese vorgegebenen Orientierungen. Rollendefinitionen werden geöffnet, Zielvorgaben vom Chef in die Verantwortung des Einzelnen übergeben. Hierarchien werden flacher oder ganz abgeschafft. Führung wird auf alle Teammitglieder verteilt. Damit verändert sich das Gefüge, in das der Einzelne eingebettet ist, grundlegend. Statt uns an einem festen Prozess oder Vorgesetzten zu orientieren, müssen wir unsere Sicherheit in einem komplexen Netzwerk finden, in dem die verschiedensten Interaktionen und Dynamiken gleichzeitig ablaufen.

Für viele Menschen ist das eine sehr herausfordernde Erfahrung. Wir haben schon Teams erlebt, in denen die Chefs voller Freude einen New Work-Prozess angekündigt haben und im Team die Panik ausbrach.

Wenn Sicherheit gebende äußere Elemente reduziert werden, bleiben uns die stabilisierenden Strukturen und Faktoren der inneren Dimensionen. Dabei handelt es sich insbesondere um Kompetenzen, die mit Kommunikation, Reflexion und Beziehung zu tun haben. Auf diese gehen wir in Kapitel 7 genauer ein. An dieser Stelle reicht es, das Prinzip #2 zu wiederholen: Wenn wir Struktur im Außen abbauen, müssen wir Struktur im Inneren aufbauen.

Einen vergleichbaren Klärungs- und Bewusstseinsschritt, wie wir ihn hier anhand der psychologischen Sicherheit beschrieben haben, müssen Teams auch für andere Grundelemente ihres Führungsverständnisses durchlaufen. Teams sollten sich fragen: Was verstehen wir unter Klarheit? Wie sehen gute Strukturen für uns aus? Wie erleben wir Wirksamkeit? [→ **Übungen, S.135**]

Führung in verschiedenen Wertesystemen

Um besser veranschaulichen zu können, wie unterschiedlich Führung verstanden werden kann und welche verschiedenen Führungsstile in der Praxis auftauchen, hat es sich für uns als hilfreich erwiesen, die fünf Erfolgselemente von guter Führung aus dem Aristoteles-Projekt von Google mit dem Wertemodell von Spiral Dynamics in einer Matrix zu verbinden.

Spiral Dynamics ist ein entwicklungspsychologisches Modell, welches davon ausgeht, dass Menschen konkrete Entwicklungsschritte durchlaufen, die es ihnen ermöglichen, mehr und mehr Komplexität zu verarbeiten. Jeder Werteschwerpunkt, mit den Farben rot, blau, orange, grün und gelb gekennzeichnet, geht mit einem spezifischen Weltbild einher und lässt Menschen Wirkungszusammenhänge und Handlungen auf unterschiedliche Art und Weise erfahren (Ackerman 2018). Frederic Laloux arbeitet in seinem Buch **Reinventing Organizations** ebenfalls mit diesem Modell, wenn auch mit einer leicht unterschiedlichen Farbkodierung (wobei beispielsweise blau durch gelb ersetzt wird. Wir halten uns bei den Illustrationen in diesem Buch an die ursprüngliche Farbkodierung).

In unserem Alltag greifen wir in verschiedenen Situationen auf unterschiedliche Weltbilder zurück, um uns und unsere Umwelt zu verstehen und in ihr zu navigieren.

Die Kombination aus Googles Führungsleitbild und Spiral Dynamics ergibt folgendes Bild:

	Rot	Blau	Orange	Grün	Gelb
Verlässlichkeit	Stärke	Absprachen und Regeln	Optimierung	Empathie	Systemische Betrachtung
Klarheit	Dominanz	Ordnung	Zielvorgaben	Kommunikation	Intuition
Struktur	An konkrete Personen gebunden	An konkrete Rollen geknüpft	An konkreten Prozessen orientiert	Auf Konsens ausgerichtet	Auf Kompetenzen aufgebaut
Bedeutung	Durchsetzungskraft	Pflicht und Loyalität	Leistung	Beziehung	Potentialentfaltung
Wirkung	Der Stärkste sein!	Es richtig machen!	Das richtige tun! Chancen nutzen!	Gemeinsam etwas erreichen!	Holistisches und systemisches Handeln!
Sicherheit	Macht und Dominanz	Ordnung und Regeln	Autonomie	Beziehung	In der Bewegung

Jede Wertefamilie steht für ein spezifisches Verständnis von Führung und Zusammenarbeit, wobei die meisten Unternehmen Mischformen sind. Sie können in manchen Bereichen „blau" sein, das heißt Rollen und Regeln sehr ernst nehmen und Pflicht und Loyalität in den Vordergrund stellen (dazu zählen idealtypisch Bürokratien und Institutionen wie Armeen oder Kirchen), und zugleich „orangefarbene" Elemente beinhalten, indem sie individuelle Leistung belohnen.

Die verschiedenen Wertefamilien aus Spiral Dynamics lassen sich in die vier Quadranten des AQAL-Modells einfügen. Jeder Wert in der inneren Dimension drückt sich im Außen in Form von Verhalten, Strukturen und Prozessen aus. So korrespondiert ein „grünes" Führungsverständnis, geleitet von den Werten Gleichheit und Partizipation, beispielsweise mit demokratischen Entscheidungsprozessen. „Optimierung" als oranger Wert wiederum drückt sich in Just-in-time Produktionssystemen aus. [→ **Grafik, S. 48**]

Sozialunternehmen sind fast immer eine Mischung aus „grünen" Werten wie Integration, Partizipation und Gerechtigkeit und „orangefarbenen" Tugenden wie Zielorientierung, Effizienz und

Das AQAL-Modell mit Entwicklungslevels aus Spiral Dynamics

Keks Ackerman CC BY-NC, basierend auf Ken Wilber und Don Beck

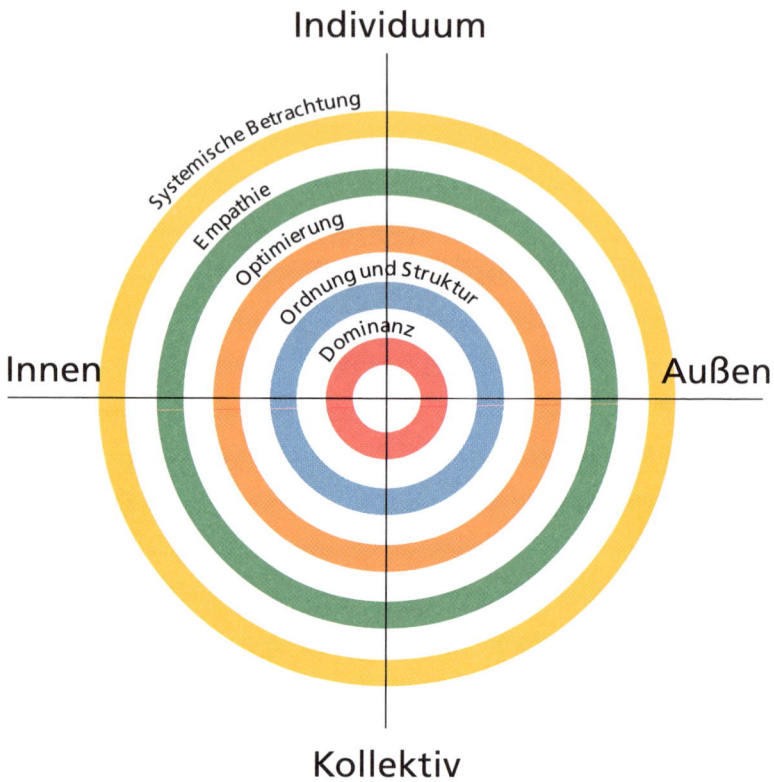

Effektivität. Innerhalb einzelner Teams differenziert sich das Bild dann natürlich noch einmal, da jedes Individuum eine einzigartige Mischung aus verschiedenen Elementen ist. So kann ich für eine „gelbe" Organisation arbeiten, die sich ganz dem Thema Potential-entfaltung widmet, und zugleich ängstlich darauf bedacht sein, Fehler zu vermeiden und meine Aufgaben „richtig" zu machen („blaue" Elemente). Bei aller Mischung und Vielfalt lassen sich in der Praxis jedoch die meisten Organisationskulturen und Teams entlang bestimmter Schwerpunkte einordnen.

Hier sind zwei Beispiele aus der Praxis, wie diese verschiedenen Elemente in einem Unternehmen auftreten und wirken können.

Zu Beginn dieses Kapitels beschrieben wir, dass sich das **betterplace lab**-Team nach Joanas Weggang unsicher fühlte. Einige Mitarbeiter trauten sich nicht aus ihrer (sicheren) Komfortzone heraus und hatten Angst, eigenständige Entscheidungen zu fällen. Statt die angestrebte „gelbe" Arbeitsweise umzusetzen, sehnten Teammitglieder sich nach klaren Regeln (blau) und gemeinschaftlichem Konsens (grün), um Stabilität zu gewährleisten.

Auch dem Team von **Ashoka Deutschland** fiel es schwer, Fehler zu machen. Aber bei ihnen gab es dafür andere Gründe. **Ashoka**-Mitarbeiter waren so wettbewerbsorientiert, unternehmerisch (orange) und begeisterungsfähig, dass sie sich dagegen sträubten, neue Projekte abzulehnen. Neinsagen fühlte sich für sie wie Versagen an. Im Rahmen des Teamentwicklungsprozesses musste jeder Mitarbeiter lernen, seine eigenen Belastungsgrenzen zu respektieren und sich im Team gegenseitig zu unterstützen, diese Grenzen zu wahren.

„Um die Zukunft zu gestalten, müssen wir die Vergangenheit kennen", lautet ein viel verwendetes und allen möglichen Persönlichkeiten von Teddy Roosevelt bis Helmut Kohl zugeschriebenes Zitat. Wir schließen uns diesem Dictum an. Für jedes Team ist es wichtig, sich seine aktuelle Führungskultur und die ihr zugrunde liegenden Werte und Annahmen zu erforschen. Erst wenn wir offenlegen, wie wir Führung verstehen und was die einzelnen Akteure an Bedürfnissen und Interessen haben, können wir gemeinsam erforschen, welcher Grad von Selbstorganisation zu dem jeweiligen Team passt, welches der nächste Schritt in der Organisationsentwicklung ist und welche Kompetenzen wir aufbauen müssen, um diesen Schritt zu gehen.

Das Wichtigste auf einen Blick

- In Unternehmen herrschen die unterschiedlichsten – fast immer impliziten – Werte und Annahmen. Diese müssen im Rahmen des Organisationsentwicklungsprozesses transparent und explizit gemacht werden.

- Gute Führung und Zusammenarbeit zeichnet sich durch Verlässlichkeit und Klarheit, Sinnhaftigkeit, Wirksamkeit und psychologische Sicherheit aus.

- Verschiedene Menschen interpretieren diese Begriffe jedoch unterschiedlich. Deshalb müssen Teams genau klären, was sie konkret unter ihnen verstehen und wie sie im Arbeitsalltag gelebt werden können.

- Modelle wie Spiral Dynamics können Teams helfen, besser über die unterschiedlichen Werte ihrer Mitglieder zu sprechen.

Praxisfragen

- Leuchten Dir die Elemente ein, aus denen sich Googles „Special Sauce" zusammensetzt? Was genau verstehst Du unter den fünf Elementen?

- Wähle Dir einen Kollegen aus und vergleiche Deine Werte mit seinen. Wie wirken sich Eure unterschiedlichen Vorlieben im Arbeitsalltag aus?

- Als Team: Macht gemeinsam die Übung zu Werten im Team im Übungsanhang. [→ Übungen, S. 135]

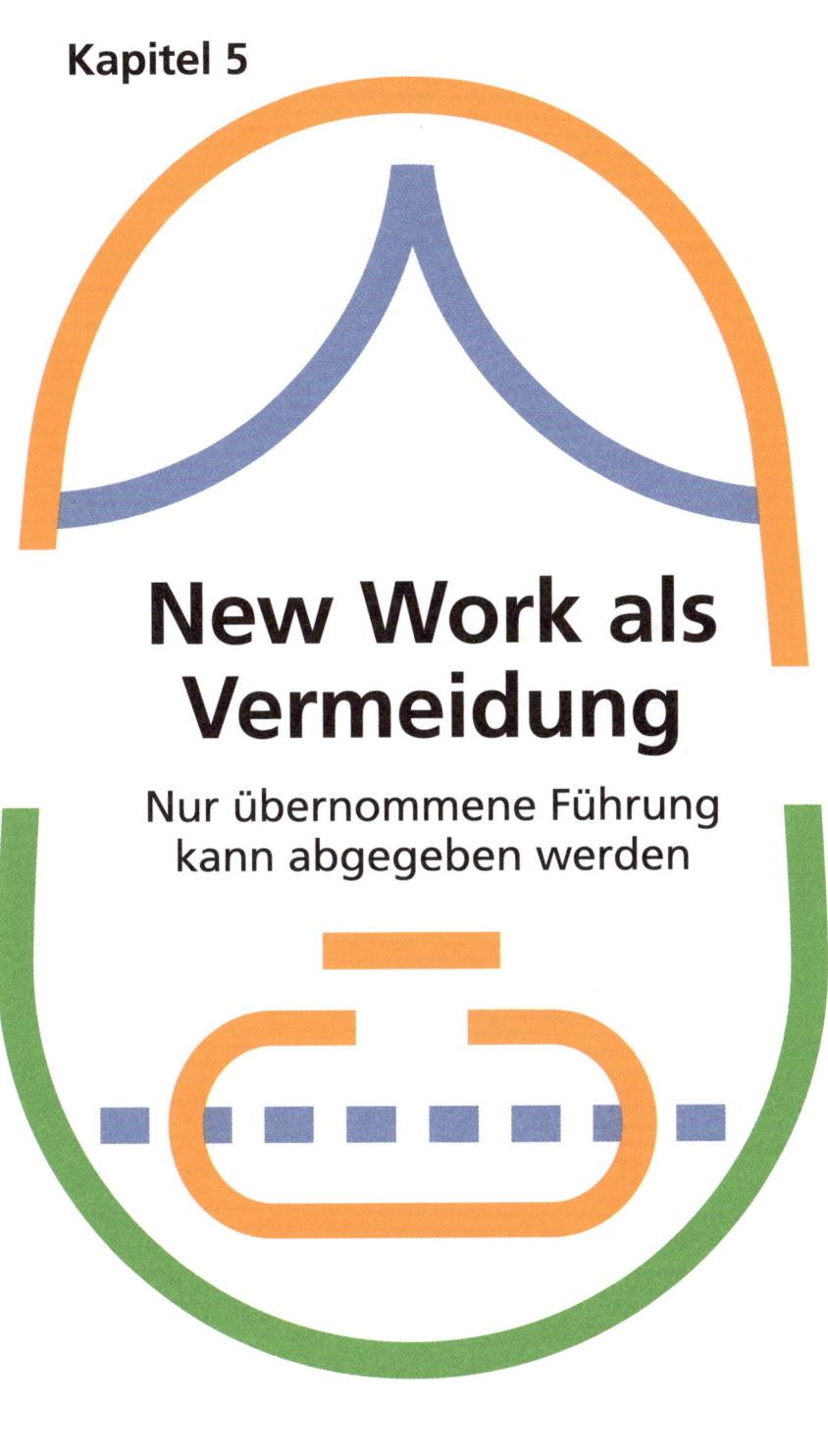

Kapitel 5

New Work als Vermeidung

Nur übernommene Führung
kann abgegeben werden

Nicht alle, die eine Hose tragen, haben sie auch an.

Joachim Panten, Aphoristiker und Publizist

In den meisten Fällen geht Selbstorganisation damit einher, dass Führungsfunktionen, die bislang in den Händen der Geschäftsführung, des Vorstands oder Managements lagen, an eine wesentlich größere Anzahl von Mitarbeitern abgegeben werden. Im letzten Kapitel haben wir herausgearbeitet, wie wichtig es für Organisationen ist, sich ihrer aktuellen Führungskultur bewusst zu werden, bevor sie ihre Organisation umkrempeln. Bei dieser Standortbestimmung geht es auch darum, aktuelle Herausforderungen und Schwierigkeiten, Konflikte und Spannungen rund um Führungsfragen auf den Tisch zu legen.

Dieser Schritt ist so wichtig, da New Work mitunter eingeführt wird, um bestehende Probleme im Unternehmen auszugleichen oder zu überdecken. Wenn die Zusammenarbeit nicht gut läuft, erhoffen sich Chefs und Mitarbeiter, dass ein neues Organisationsmodell ihnen wieder auf die Beine hilft. Doch das funktioniert nicht. Ein neues Führungs- und Zusammenarbeitsmodell, welches auf schiefem Boden errichtet ist, wird diese Schieflage in neuem Gewand fortschreiben.

Eine Pathologie, der Bettina in ihrer Arbeit mit Teams gerade im gemeinnützigen Bereich immer wieder begegnet, besteht darin, dass die derzeitige Führung eigentlich gar nicht führen will. Leitungspersonen, die selbst einen Widerstand gegen direktive Führung haben, fühlen sich von New Work und Selbstorganisation intuitiv angezogen, da dieses Modell ihnen etwas Unangenehmes abnimmt. Nun ist aber ein Prinzip (aus der systemischen Organisationstheorie entlehnt), dass Führung und Macht nur dann abgeben werden können, wenn sie vorher wirklich angenommen wurden.

Ebenso wichtig ist es, dass Führungspersonen, die Macht einmal abgegeben haben, sie auch wirklich loslassen. An dieser Stelle ist es sinnvoll, sich den Unterschied zwischen Delegation und Machtübergabe zu vergegenwärtigen. In hierarchischen Systemen delegieren wir Aufgaben, das heißt, wir übergeben eine Aufgabe mit der dazugehörigen Verantwortung dauerhaft oder temporär an eine andere Person. In Delegationsverhältnissen ist es möglich, der anderen Person diese Macht wieder zu entziehen. Im Gegensatz dazu werden bei einer Machtübergabe Befugnis und Verantwortung komplett und dauerhaft auf jemand anderen übertragen. Die hierarchische Beziehung löst sich an dieser Stelle auf.

Herausforderungen bei der Machtübergabe

Lasst uns die Machtübergabe im Rahmen von New Work etwas konkreter beschreiben. Manche Teams, die New Work umsetzen wollen, haben eine Führungskultur, die sich durch Empathie, Gleichheit und konsensorientiertes Arbeiten auszeichnet. Ihre Führungspersönlichkeiten haben diese Werte entwickelt, da sie selbst eine Abneigung gegen direktives Führen haben. Klare Aufträge und Anweisungen sind ihnen unangenehm – oft als Folge eigener negativer Erfahrungen mit Autoritäten, seien es Eltern oder Lehrer. Indem sie konsensorientiert führen, können sie es vermeiden, selbst direktiv zu sein und ihre eigene Macht wirklich auszuüben. Macht ist für diese Chefs negativ besetzt. Sie wird weniger mit einem großen Gestaltungsspielraum gleichgesetzt, als vielmehr mit der Gefahr, missbräuchlich eingesetzt zu werden und anderen den eigenen Willen aufzudrängen.

Die egalitäre Führungskultur, die in diesen Unternehmen herrscht, ist nicht auf eine freie Entscheidung für ein Modell zurückzuführen, welches Potenzialentfaltung, konstruktives Miteinander und Kreativität fördert, sondern Resultat einer psychologischen Schattendynamik. (Das psychologische Konzept des „Schattens" geht auf C.G. Jung zurück und beschreibt unbewusste Aspekte eines Menschen oder einer Organisation, die im Verborgenen wirken.) Das heißt, das Konsensmodell hilft der bestehenden Führungsperson, eine unbewusste Schwierigkeit – nämlich den eigenen Willen klar auszudrücken – weiter zu vermeiden.

Nun ist ein wichtiges Ziel des Organisationsentwicklungsprozesses, Teams so aufzustellen, dass ihnen eine möglichst breite Palette von verschiedenen Instrumenten und Modellen zur Verfügung stehen. Wenn das Führungsmodell jedoch auf einer Verzerrung beruht, ist dies nicht der Fall. Stattdessen kann das Team nur die Instrumente wählen, die den bevorzugten, aber unbewussten Werten ihrer Führungspersönlichkeit entsprechen. New Work bedeutet dann nur, dass das bestehende konsensorientierte Modell vertieft wird.

Während die oben beschriebene Dynamik insbesondere in gemeinwohl-orientieren Organisationen verbreitet ist, haben Wirtschaftskonzerne oft andere Schwierigkeiten mit der Machtübergabe. Die aktuelle Führung möchte New Work einführen, ist aber zugleich nicht bereit, ihre Macht wirklich abzugeben.

Die Geschäftsführung hofft, dass neue flache Organisationsmodelle das Unternehmen agiler und innovativer machen. Gelegentlich stammt der Impuls auch von der Belegschaft, die sich mehr Mitsprache wünscht. Viele von ihnen haben Bücher wie **Reinventing Organizations** gelesen und beginnen, an verschiedenen Stellen im Unternehmen mit neuen Prozessen zu experimentieren. Doch schnell wird klar: Nur diejenigen Entscheidungen und Ergebnisse, die der Erwartung des Chefs entsprechen, können wirklich umgesetzt werden. Zwischen Team und Chef beginnt ein Hin und Her voller zweideutiger Botschaften. So sagt die Chefin beispielsweise auf der Tonspur: „Ich möchte, dass ihr selbst entscheidet und Verantwortung übernehmt." Auf der Handlungsebene aber ist offensichtlich, dass sie denkt: „Ich traue euch nicht zu, die richtigen Entscheidungen zu treffen." Solche widersprüchlichen Botschaften führen zu einem Vertrauensverlust und lassen Mitarbeiter demotiviert und frustriert zurück. Auch diese Variante engt somit die Optionspalette für neue Arbeitsmodelle stark ein.

Nun könnten wir uns entspannen und feststellen, dass New Work und Selbstorganisation einfach nicht zu allen Unternehmen passen und wir mit Kompromissen leben müssen. Doch die beiden hier skizzierten unvollständigen Machtübergaben sind aus (mindestens) zwei Gründen problematisch.

Erstens, und zwar unabhängig vom Trend zur Selbstorganisation, benötigen wir in unserer volatilen und komplexen Welt eine möglichst große Bandbreite von Arbeitsinstrumenten. Entscheidungen immer im Konsens zu führen ist vielen Situationen unangemessen. Nicht nur dauern sie zu lange, sondern laufen oft auf den kleinsten gemeinsamen Nenner hinaus. Ebenso wenig wird die herkömmliche Praxis, Chefs entscheiden zu lassen, der Komplexität und Menge an zu treffenden Entscheidungen gerecht. Der Trend zu New Work basiert ja gerade auf der Erkenntnis, dass relevantes Wissen für gute Entscheidungen nicht an der Unternehmensspitze, sondern im Unternehmen verteilt vorhanden ist und dieses belohnt und gehört werden muss. Zudem ignorieren die beiden Szenarien der unvollständigen Machtübernahme das steigende Bedürfnis vieler Mitarbeiter, selbstständiger zu arbeiten und sich mehr in die Gestaltung des Unternehmens einzubringen.

Werden bestimmte Führungsinstrumente aus intransparenten Gründen nicht eingesetzt oder sogar tabuisiert, müssen Organisationen viel Energie aufwenden, um Herausforderungen mit unpassenden Werkzeugen zu meistern. Dies führt zu schlechten Resultaten und demotivierten, gestressten Mitarbeitern.

Diese Dynamik führt uns zum zweiten Grund, weshalb die unvollständige Machtübergabe problematisch ist, und damit zu einem weiteren Prinzip.

#4 Wir können nur dann optimal unser Potential entfalten, wenn wir aus einer möglichst breiten Palette von Arbeitsinstrumenten diejenigen auswählen können, die für die konkrete Situation am angemessensten sind.

In Organisationen, in denen die alten Chefs ihrer Führungsaufgabe nicht angemessen nachgekommen sind und wichtige Entscheidungen nicht gefällt wurden, kann keine klare Übergabe von Verantwortung erfolgen. Macht wabert in diesen Unternehmen, bildlich gesprochen, irgendwo besitzlos herum. Oft bedeutet dies, dass Mitarbeiter anfangen, mehr Verantwortung zu übernehmen, als es ihrer Rolle entspricht. Dies wiederum führt leicht zu Stress, Unsicherheit und Überforderung. Oder sie ziehen sich demotiviert aus Arbeitsprozessen heraus.

Macht, die besitzerlos ist, kann nicht an andere abgegeben werden. Wird in einer solchen Situation New Work eingeführt, entsteht meist noch mehr Stress und Unsicherheit. Denn in dem Moment, in dem die vordefinierten Prozesse und Strukturen reduziert werden, fallen auch die Mechanismen weg, die bis dato die ungeklärte Verantwortung aufgefangen und ausgeglichen haben.

Da beide Szenarien der unvollständigen Machtübergabe so oft vorkommen, ist es wesentlich, dass Teams sich als Teil ihrer Standortbestimmung damit beschäftigen und sich ehrlich fragen: Inwieweit hat die bestehende Führungsriege volle Verantwortung übernommen und wo hat sie diese eventuell vermieden? Sind die jetzigen Vorgesetzten wirklich bereit, ihre Macht zu übertragen, oder ist dieser Schritt unterschwellig und unbewusst an Bedingungen und Erwartungen geknüpft?

An dieser Stelle arbeitet Bettina mit dem Team heraus, wie Entscheidungen gefällt werden und Macht aktuell verteilt ist. Dabei wird meist schnell offenbar, ob Teams die offizielle Hierarchie auch leben, Rollenträger die jeweiligen Verantwortungen übernehmen und Mitarbeiter mit den richtigen Mandaten ausgestattet sind oder ob es in diesen Bereichen bedeutsame Störungen gibt.

Erst wenn Teams ungeklärte Führungsfragen bearbeitet haben, kann der New Work-Prozess weitergeführt werden. Hierfür ist es hilfreich, wenn Führungskräfte in Einzelcoachings ihre Bedürfnisse in Bezug auf die Machtübergabe herausarbeiten können.

 Das Wesentliche auf einen Blick

- Prinzip **#4** Wir können nur dann optimal unser Potential entfalten, wenn wir aus einer möglichst breiten Palette von Arbeitsinstrumenten diejenigen auswählen können, die für die konkrete Situation am angemessensten sind. Unfreie Entscheidungen, die aufgrund von unbewussten Tabus und Begrenzungen gefällt werden, kosten Energie und sind kontraproduktiv.

- Nur Macht, die von Chefs wirklich ausgeübt wurde, kann auch an die Organisation übergeben werden.

- Teams kennen den Unterschied zwischen Delegation und Übergabe von Macht. Erstere bezieht sich darauf, dass Macht zeitweilig an eine Rolle oder Person abgegeben wird. Im letzteren Fall ist die Machtübergabe endgültig.

 Praxisfragen

- Wie ist Dein Verhältnis zu Macht und Führung? Welche Führungsstile stehen Dir zur Auswahl und welche nicht? [→ Tabelle, S. 47]

- Übernimmst Du mehr Verantwortung, als es Deine Rolle vorsieht? Ziehst Du Dich zurück, weil Du überfordert oder demotiviert bist?

Kapitel 6

Flucht oder Inspiration?

Die Motivation der meisten Menschen, frühmorgens
aufzustehen, besteht darin, dass sie pinkeln müssen.

Albert Ziegler, Jesuitenpater

Dieses Buch ist so aufgebaut, dass es dem tatsächlichen Entwicklungsprozess einer Organisation folgt, die sich in Richtung Selbstorganisation und New Work weiterbilden will. Mit Bettina als Coach würde der in Kapiteln 2–5 beschriebene Prozess ungefähr ein Jahr dauern. Während dieses Zeitraums kommt ein Team zu mindestens vier zweitägigen Workshops zusammen. Zwischen den Workshops finden weitere virtuelle Arbeitssitzungen statt, in denen Teammitglieder ihren Lernprozess reflektieren und Fragen stellen können.

Bis zu diesem Punkt haben die Teams eine gemeinsame Landkarte und Sprache entwickelt, mithilfe deren sie äußere und innere Dynamiken von Führung und Zusammenarbeit im eigenen Team präzise identifizieren können. Sie sind nicht nur in der Lage, ihren aktuellen Standort zu bestimmen, sondern können beschreiben, welche Bedürfnisse, Konstellationen und Spannungsdynamiken zum Status quo geführt haben.

Auch wenn sie schon viel gelernt haben, breitet sich bei vielen Teams zu diesem Zeitpunkt oft ein Gefühl von Ungeduld und Orientierungslosigkeit aus. Das ist gut zu erklären, denn Teams bewegen sich nicht auf ein vorgefertigtes Zielbild hin, an dem sie sich immer wieder festhalten können. Da wir von innen nach außen gehen, entsteht Neues organisch im Prozess und nimmt erst nach und nach erkennbar Gestalt an. Wie bei einem sich entwickelnden Polaroid-Foto stochern Teammitglieder zu Beginn ihrer Reise weitgehend im Dunkeln und Diffusen. Einige Zeit vergeht, bis das Bild zukünftiger Arbeitsformen und Führungsmodelle immer mehr Konturen annimmt.

Vielleicht geht es Dir als Leser ebenso? Vielleicht nimmst Du in diesem Buch verschiedene interessante Puzzleteile wahr, ohne bislang zu wissen, wie sie später ineinandergreifen werden, um ein neues Gesamtbild von Führung und Zusammenarbeit zu bilden. Du findest einzelne Aspekte relevant und spannend, kannst aber nicht wissen, worauf das Buch hinausläuft. Die resultierende Spannung wird von vielen von uns als unangenehm empfunden. Um sie zu bewältigen, den Teamentwicklungsprozess nicht abzubrechen oder das Buch nicht gegen die Wand zu werfen, müssen wir in der Lage sein, Unsicherheit und Orientierungslosigkeit auszuhalten.

Teams hilft es an dieser Stelle, möglichst viele der gewonnenen theoretischen Erkenntnisse in die Praxis umzusetzen. Deshalb gibt Bettina ihnen eine Reihe sehr konkreter Praktiken an die Hand, die helfen, das Gelernte im Arbeitsalltag zu verankern. Durch Übung wird aus Theorie verkörperte Erfahrung.

Verankerung im Arbeitsalltag

Ein guter Ansatzpunkt für neue Praktiken ist die Meetingkultur in Unternehmen. Meetings sagen viel darüber aus, wie Teams zusammenarbeiten und geführt werden. Zugleich strahlen Veränderungen auf dieser Ebene wirksam in andere Bereiche des Arbeitsalltags aus.

Haben Teams beispielsweise herausgearbeitet, wie wichtig ihnen eine sichere, vertrauensvolle und transparente Umgebung ist, können Elemente wie Check-Ins und Check-Outs eingebaut werden, mit denen Meetings anfangen und ausklingen. Zum Check-In erzählt jedes Teammitglied, wie es ihm gerade geht und was es von dem Meeting erwartet. Beim Check-Out am Ende teilen die Anwesenden, wie sie das Meeting persönlich empfunden haben und ob sie mit dem Ergebnis zufrieden sind. Mehr als eine Minute pro Person sollten diese Runden nicht dauern. [→ Übungsteile Check-In & Check-Out, S. 144]

Das wesentliche beim Check-In und Check-Out sind nicht die Informationen, sondern die Haltung, mit der Teammitglieder daran teilnehmen. Statt mechanisch ein paar Sätze zu sagen, entfalten diese Rituale ihre eigentliche Wirkung nur, wenn die Teilnehmer sich auf eine tiefere Weise zeigen. Wenn sie, wie es in therapeutischen Kreisen heißt, nicht „über etwas", sondern „aus etwas heraus" sprechen. Verfolgen Teams dieses Prinzip, werden sie eine Reihe spannender Erfahrungen machen. So erleben wir immer wieder, dass die Qualität des Austausches sich merkbar vertieft, sobald eine Anwesende sich offener oder verletzbarer zeigt als ihre Vorredner. Als wenn dadurch ein Tor zu einer tieferen menschlichen Schicht geöffnet wurde, dem auch andere Kollegen folgen und dadurch ihr gemeinsames Beziehungsgeflecht verstärken können.

Auch delegierte Moderationen führen zu mehr Klarheit und Sicherheit. Hierfür werden zu Beginn eines Treffens ein Moderator, ein Zeitmanager, eine sogenannte Energiewächterin und – wenn nötig – ein Protokollant bestimmt. Der Moderator achtet darauf, dass die Diskussion konstruktiv und co-kreativ verläuft. Die Energiewächterin beobachtet, wie aufmerksam und konzentriert alle sind: Sind die Anwesenden bei der Sache oder dominiert eine Person das Gespräch, während die anderen mit verschränkten Armen dasitzen oder ihre Handys checken? Ist das Energieniveau hoch oder raubt das Meeting den Anwesenden Elan? Wenn die Energie absinkt oder Spannungen spürbar werden, greift die Energiewächterin ein und fragt, ob die anderen ihre Beobachtung teilen. Ist dies der Fall, wird das Meeting kurz unterbrochen, um herauszufinden, was hinter der Störung liegt und wie die Arbeit wieder energiegeladener werden kann. Erst dann wird das Meeting fortgesetzt.

Einfache Instrumente wie diese mögen einem anfangs merkwürdig vorkommen. Sie führen aber meist schnell zu einer vertrauensvollen Atmosphäre, in der offene und konstruktive Gespräche möglich sind. Indem Teams äußere Strukturelemente und Werkzeuge einführen, stellen sie einen verlässlichen, sicheren Raum her, der es ermöglicht, festgefahrene Muster zu durchbrechen und aus der Komfortzone herauszutreten.

Woher stammt die Motivation?

Da Mitarbeiter sich selbst und ihre Organisation viel klarer sehen, können sie auch besser erkennen, in welche Richtung sie sich weiterentwickeln und verändern wollen. Was hat sie ursprünglich wirklich motiviert, die Organisationsstruktur umzukrempeln? Wollten sie etwas verändern, weil das Unternehmen nicht mehr wettbewerbsfähig ist, das Arbeitsklima ungesund oder sie unter- oder überfordert waren? Oder steckte hinter dem Wunsch Neugierde und Lust auf etwas Neues? Diese beiden Veränderungsimpulse führen uns zu einem weiteren Prinzip.

#5 Hinter dem Wunsch nach Veränderung steckt entweder das Bedürfnis, einer inneren Spannung zu entkommen, oder die Inspiration, etwas Neues ausprobieren zu wollen.

Der Wille, sich zu verändern, wurzelt in zwei unterschiedlichen Dynamiken. Zum einen kann er auf ein Druck- oder Fluchtgefühl zurückzuführen sein. Dann spüren Mitarbeiter, dass die aktuelle Situation nicht mehr (oder noch nie) zu den Umständen und ihren eigenen Bedürfnissen und Interessen passt(e). Zum anderen kann Veränderung aus Inspiration heraus entstehen. Im ersten Fall drückt uns eine Spannung aus der Vergangenheit ins Neue (Push-Effekt). Im zweiten Fall werden wir in die Zukunft gezogen (Pull-Effekt).

Um eine stimmige neue Organisation aufzubauen, ist es wichtig, diese beiden Dynamiken sauber voneinander zu trennen. Denn nur zu oft missinterpretierten wir unsere Motivation als Pull und vermeiden dadurch eine ehrliche Konfrontation mit den unbewussten Spannungsfeldern.

In vielen Teams fällt es Mitarbeitern schwer, ihre persönlichen Herausforderungen proaktiv anzunehmen. Stattdessen blenden sie diese aus und werten gelegentlich sogar die Kollegen ab, deren Hauptkompetenzen in eben diesen „schwierigen" Themenfeldern liegen. Eine besonders innovationsfreudige Mitarbeiterin in einem von Bettina begleiteten Unternehmen ignorierte zahlreiche administrative Anforderungen, die mit ihrer Arbeit einhergingen. Auch wenn die für New Work typische selbstständige Arbeitsweise ihr dabei half, Schwächen und Fehler vor ihren Kollegen zu verstecken, bemerkten diese zunehmend, wenn Angebote und Anträge unvollständig verschickt oder Termine nicht eingehalten wurden. Dies führte zu Spannungen innerhalb der Organisation.

Mitarbeiter, die mit ihrer Arbeit die Unternehmensbasis absichern, indem sie Verwaltungs- und Routinearbeiten übernehmen und sich Zeit für menschliche Beziehungen nehmen, stehen oft in einem angespannten Verhältnis zu ihren fortschritts- und innovationsorientierten Kollegen. In diesen Fällen ist es wichtig, dass beide Gruppen sich bewusst werden, wie wichtig die jeweils anderen für das Gelingen der gemeinsamen Unternehmung sind. Diese kann weder auf solides Projektmanagement verzichten noch ohne Inspiration überleben, sondern muss ein angemessenes Gleichgewicht zwischen beiden Polen herstellen.

Werden Spannungen wie diese ignoriert, steht die neue Unternehmung auf tönernen Füßen – die unbearbeiteten Themen werden immer neue Verwerfungen und Schieflagen erzeugen, vor denen

Teammitglieder dann ratlos stehen und gegebenenfalls das Experiment „Selbstorganisation" als gescheitert erklären.

Spannungen bewusst konfrontieren

Wenn Teams beginnen, ihre eigenen Spannungsdynamiken zu identifizieren, verändert sich die Zusammenarbeit. Denn sobald unbewusste Aspekte an die Oberfläche kommen, brechen automatische Handlungsmuster auf und können neu gestaltet werden.

In den vorherigen Kapiteln haben wir schon einige Spannungsfelder und -dynamiken gestreift. Sie entstehen zum Beispiel, wenn Mitarbeiter nur zeitlich verzögertes oder indirektes Feedback bekommen. Wenn Menschen sich mit ihrem Beitrag nicht gesehen und wertgeschätzt fühlen. Oder dadurch, dass Führungskräfte ihre Verantwortung nicht annehmen, sondern Macht diffus im Team umherwandern lassen. Ein weiteres typisches Spannungsmuster entsteht dann, wenn es in Organisationen wichtiger ist, bei Entscheidungen alles richtig zu machen (bloß keine Fehler!), anstatt ernsthaft – unter bewusster Inkaufnahme von Fehlern – nach der richtigen Entscheidung zu suchen.

Manche Spannungen fußen weniger auf Teamdynamiken, sondern vielmehr auf den psychologischen Schatten einzelner Mitarbeiter. Bei einem Workshop im **betterplace lab** verglichen Mitarbeiter ihre Eigen- und Fremdwahrnehmung. Wie sehen wir uns, wie sehen andere uns, aber auch: Wie denke ich, dass ich von den anderen wahrgenommen werde?

Durch eine einfache dreißigminütige Übung kamen die erstaunlichsten Wahrnehmungen und Projektionen auf den Tisch. Ein Mitarbeiter beschrieb sehr verlegen seine ununterbrochenen kreisenden Gedanken über eine Kollegin: „Mag sie mich? Sie schaut mich bei der Übung gar nicht an! Habe ich gerade etwas Dummes gesagt? Bestimmt findet sie, ich bin total inkompetent". Einmal offen ausgesprochen, konnten diese Gedanken als Projektionen entlarvt werden. Die besagte Kollegin war vollkommen überrascht und korrigierte die Wahrnehmung: Sie mochte den Mitarbeiter sogar sehr gerne, war jedoch im Berufsalltag so ausgelastet, dass sie dies nur selten ausdrücklich zeigte. Die Beziehung zwischen beiden war nach der Übung viel offener und enger und der Mitarbeiter konnte die Energie, die er darauf verwandt hatte, mit seiner Unsicherheit umzugehen, produktiver einsetzen. Der Effekt blieb aber nicht auf die beiden beschränkt: Fast jedes Teammitglied konnte erfahren, wie viele (meist unbegründete) negative Ängste es mit anderen verband. In den Fällen, in denen es wirklich Konflikte zwischen Teammitgliedern gab, fand eine offene Aussprache statt.

Tauchen diese diversen Spannungsmuster plötzlich aus dem Unbewussten auf, verstehen Mitarbeiter, wieso sie sich am Arbeitsplatz unwohl, unter Druck oder unmotiviert fühlen. Sie verstehen die „Push"-Mechanismen, die sie nach Veränderung haben suchen lassen, und verwechseln sie nicht mit den „Pull"-Faktoren. Das bedeutet, sie können Motivationen, die ihre Wurzel in einer Flucht vor dem Status quo haben, von denen unterscheiden, die aus der Inspiration entspringen. Erst nach dieser Klärung ist es möglich, darüber zu diskutieren, in welche Richtung Teammitglieder sich und ihre Organisation verändern wollen.

Innen und Außen bei Push-Effekten

Um Push-Effekte und ihre Folgen tiefer zu verstehen, müssen wir zuerst herausfinden, in welchem der vier Quadranten die Störung – zum Beispiel ständiger Leistungsdruck oder Überforderung – ihren Ursprung hat und wie diese sich dann auf die anderen Quadranten auswirkt.

Nehmen wir das Beispiel eines Startup-Gründers, der nicht direktiv führen will. Das Erste, was wir von außen wahrnehmen können, ist sein Verhalten (→ Grafik, S. 22: AQAL: außen/individuell). So lässt er wichtige Entscheidungen schleifen oder wälzt sie aufs Team ab. Sein Verhalten ist aber nicht selbst ursächlich, sondern fußt auf seiner individuellen Erfahrung mit Autorität in Elternhaus und Schule (AQAL: innen/individuell). Da das Startup noch klein und jung ist, passen sich die Unternehmenskultur ebenso wie die Prozesse und Strukturen weitgehend unbewusst an die Denkweise des Gründers an. Dessen nicht genommene Verantwortung führt dazu, dass Mitarbeiter – um die Entscheidungsschwäche des Chefs auszugleichen – anfangen, mehr Verantwortung zu übernehmen, als es ihrer offiziellen Rolle entspricht.

Typischerweise beschreiben Mitarbeiter die Kultur solcher Unternehmen als egalitär, aber irgendwie auch unklar. Sie vermissen Orientierung und Wirksamkeit. Sie fühlen sich öfters allein gelassen und überfordert. Häufig fordern sie in solchen Situationen einen Workshop zur Visions- und Strategiefindung ein. Durch die Bearbeitung des äußeren/kollektiven Quadranten erhoffen sie sich Klarheit. Aber da die tiefere Ursache für den diffusen Führungsstil im inneren/individuellen Quadranten liegt, kann eine wirkliche Veränderung nur auf dieser Ebene und dadurch stattfinden, dass der Gründer sein Führungsverständnis klärt. Ist die Ursache für die Spannung offengelegt und bearbeitet, können neue klare Prozesse und Strukturen (AQAL: außen/kollektiv) aufgesetzt werden.

Spannungsfelder wie diese lassen sich am besten am Anfang eines Organisationsprozesses mit einer externen Begleitung klären. Da sie in der DNA des Unternehmens schon eingebaut sind, können die Teilnehmer selbst sie meist nicht erkennen. Ein Coach kann helfen, die blinden Flecken offenzulegen und einen eventuell auch schwierigen Prozess zu moderieren.

Inspiration für den nächsten Schritt – Pull-Effekte

Gelingt es Teams, ihre destruktiven Spannungsdynamiken zu bereinigen, können sie einzeln und in der Gruppe herausfinden, wohin ihre Inspiration sie zieht. Dabei geht es nicht nur darum, bereits Bekanntes neu zu kombinieren, sondern den nächsten Schritt zu identifizieren, der zu etwas wirklich Neuem führt. Insbesondere wenn Unternehmungen daran arbeiten, die großen gesellschaftlichen und ökologischen Herausforderungen unserer Zeit zu bewältigen, müssen sie neue Wege gehen. Denn wie schon Einstein sagte, „lassen sich Probleme niemals mit derselben Denkweise lösen, durch die sie entstanden sind".

Um Neues zu entwickeln – bis dato unbekannte Produkte und Dienstleistungen ebenso wie neue Organisationsstrukturen –, brauchen wir Methoden und Werkzeuge, die es uns ermöglichen, kreativ zu werden. Dabei ist Kreativität weit mehr als nur ein intellektueller Vorgang, sondern sie entsteht in einem größeren inspirativen Raum.

Eine beliebte Methode, um Neues zu entwickeln, ist Otto Scharmers **Theory U**. Scharmer geht davon aus, dass stimmige Projekte, Unternehmungen und Strategien dann entstehen, wenn wir unsere

Aufmerksamkeit und Intuition in einer bestimmten konzentrierten Weise lenken. Er schreibt: „In dem Ausmaß, in dem es uns gelingt, unsere (innere) Aufmerksamkeitsstruktur und ihre Quelle zu sehen, können wir das (äußere) System verändern" (Scharmer 2018).

Bei Kreativitätsmethoden wie **Theory U** geht es also nicht nur darum, ein Thema oder ein Problem an sich zu analysieren, sondern es geht zugleich darum, den größeren Raum, in dem diese Reflexion stattfindet – das heißt unsere eigene Denkweise und Wahrnehmungsmuster –, miteinzubeziehen. Indem wir diesen größeren Raum in den Prozess einbeziehen, können wir die bestehenden konzeptionellen Grenzen überwinden und etwas Neues schaffen. Scharmer hat hierfür die Methode des sogenannten Presencing entwickelt. Presencing besteht aus einem strukturierten Prozess, der die Teilnehmer immer tiefer in einen Raum der Achtsamkeit führt, in dem Neues entstehen kann.

In Kapitel 9 werden wir noch detaillierter auf die Prinzipien und Methoden eingehen, die hinter Innovation, Inspiration und Lalouxs „evolutionärer Bestimmung" in Organisationen stehen.

Kompetenzen kennen

Um Spannungen zu erforschen und zukünftige Organisationsformen zu entwickeln, müssen Mitarbeiter sich selbst und ihr Verhältnis zur Organisation präzise beobachten und äußern können. Erst diese Fähigkeit zur Selbst- und Meta-Reflexion ermächtigt Menschen, aktuelle Dynamiken, Prozesse und Strukturen zu hinterfragen. Indem wir uns selbst quasi von außen betrachten, können wir verstehen, was wir brauchen, wohin wir uns entwickeln wollen und wie wir den Weg dorthin beschreiten können. Diese Kompetenzen sind Teil der inneren Struktur eines Menschen und der Schlüssel für selbstorganisierte Zusammenarbeit. Denn wie im Prinzip #2 beschrieben, werden die inneren Strukturen in dem Maße wichtiger, in dem wir äußere Strukturen reduzieren. Im nächsten Kapitel werden wir uns mit diesen Reflexionskompetenzen näher beschäftigen.

Das Wichtigste auf einen Blick

- Meetings sind ein geeignetes Format, um zeitnah neue, im New Work-Prozess gelernte Kommunikationsformen und Verhaltensweisen in den Arbeitsalltag zu integrieren.

- Um Veränderungen nachhaltig zu gestalten, ist es wichtig, herauszuarbeiten, was die Unternehmensleitung und Teams wirklich motiviert.

- Prinzip #5 Hinter dem Wunsch nach Veränderung steckt entweder das Bedürfnis, einer inneren Spannung zu entkommen, oder die Inspiration, etwas Neues ausprobieren zu wollen.

Praxisfragen

- Kennst Du aus Deinem Leben Beispiele für Push- und Pull-Effekte?

- Wo begegnen Dir Push- und Pull-Effekte im Unternehmen? Kennst Du Situationen, in denen Push für Pull gehalten wurde?

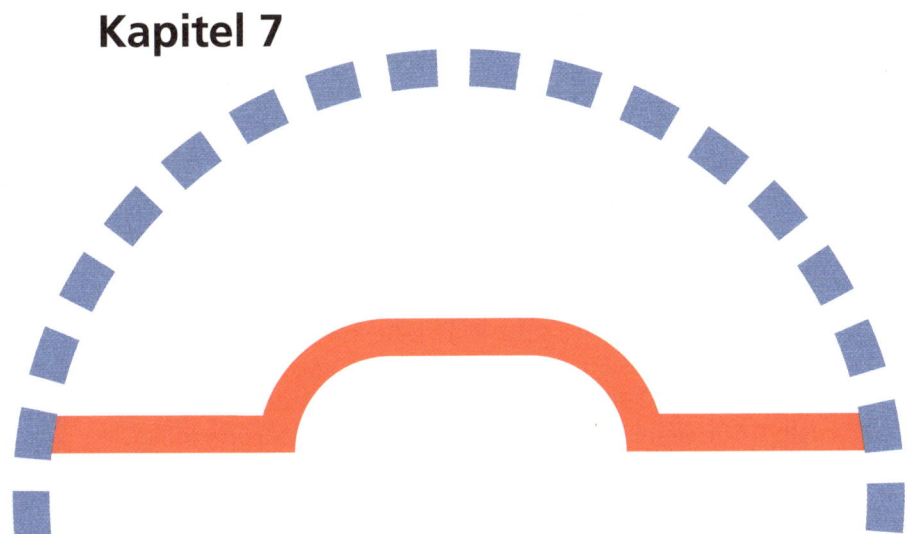

Kapitel 7

Innere Klarheit und das große Ganze

Wir führen jetzt nur noch Einzelgespräche.
Da gibt es weniger Verletzte.

Frank Pagelsdorf, ehemaliger Trainer des HSV

Eine Mitarbeiterin wird von ihrem Chef beauftragt, den Internetauftritt des Unternehmens neu zu konzipieren. Damit ihr Auftrag gelingt, muss sie mit vielen anderen Kollegen und Teams zusammenarbeiten, von ihnen Informationen und Feedback einholen. Doch schnell wird deutlich, dass sie von außen nicht wirklich unterstützt wird. Stattdessen fühlt es sich für sie so an, als müsse sie jeder Information einzeln hinterherlaufen und die gesamte Arbeit allein stemmen. Für ihre Kollegen gestaltet sich der Prozess ebenfalls frustrierend: Sie haben das Gefühl, die Mitarbeiterin will nicht wirklich mit ihnen zusammenarbeiten, sondern den Webauftritt von vorne bis hinten selbst in der Hand halten und alles bestimmen. Da sie den Prozess als geschlossen und unkreativ empfinden, verspüren sie wenig Motivation, dazu beizutragen.

Kommen die einzelnen Akteure nun zu einem Status-Review zusammen und haben nur die Sachebene auf dem Schirm, ohne dass sie ihr inneres Erleben und psychische Dynamiken ansprechen, werden sich die beiden Seiten nur in ihren jeweiligen Perspektiven bestätigen können. Die Mitarbeiterin wird die mangelnde Kooperationsbereitschaft und viele unerledigte Aufgaben beklagen. Die Kollegen ihrerseits werden sagen, dass sie sich nicht motiviert und als Befehlsempfänger reduziert fühlen.

Sobald in dem Unternehmen Methoden zur Selbstreflexion, beispielsweise das Eisbergmodell, etabliert werden, ist es den Beteiligten möglich, neben den Fakten auch die emotionale Erlebnisebene hinzuzuziehen. Dadurch werden neue Informationen verfügbar: Die Projektleiterin kann jetzt für sich erkennen, dass sie unter starkem Leistungsdruck steht und in diesen Situationen dazu neigt, alles alleine machen zu wollen. So fühlt sie sich sicher und ist in der Lage, ihren Qualitätsanspruch umzusetzen. Die Kollegen wiederum stellen fest, dass sie auf dieses Verhalten mit Widerstand reagieren und den Arbeitsprozess indirekt und weitgehend unbewusst blockieren.

Vor dem Hintergrund dieser neuen Informationen können alle Beteiligten nochmals mit frischem Blick auf das Projekt schauen und es gemeinsam umsetzen.

Gute Sensoren als Grundlage für Selbstorganisation

Alle Schritte, die wir im New Work-Prozess bislang gegangen sind, dienten dazu, die vielen impliziten Annahmen unseres Arbeitsalltags explizit zu machen. Zudem haben wir Prinzipien erarbeitet, die allen Formen der Zusammenarbeit und Führung zugrunde liegen. Damit haben Teams nicht nur die notwendige kritische Distanz, sondern auch eine Sprache entwickelt, mit der sie sich als Teammitglied selbst reflektieren und Beziehungsdynamiken auf einer Metaebene verstehen können.

Auf dieser Basis können wir den nächsten Schritt gehen: die festen äußeren Strukturen und Prozesse zu verringern oder sogar weitgehend aufzulösen, um selbstorganisierter zusammenzuarbeiten.

Auch wenn momentan viel über Selbstorganisation gesprochen wird, ist häufig nicht klar, was wirklich damit gemeint ist. Um zu vermitteln, wie wir Selbstorganisation verstehen, hier ein bildlicher Vergleich: Als Mitarbeiter in einem konventionellen, hierarchischen Team bewege ich mich in einem Haus mit festen Wänden und klaren Regeln. Ich weiß, wie ich vom Eingang in die Küche und von dort in den Garten komme. Ich weiß, wer vor mir geht und wer mir folgt. Ich weiß, wann das Haus offen und wann es geschlossen ist. All das gibt mir eine klare Orientierung. Aber die festen Regeln und Abfolgen können auch meine eigene Kreativität und Entfaltung behindern und einem bestmöglichen Ergebnis im Wege stehen, denn vor lauter festgefügter Struktur kann ich nicht mehr unvoreingenommen und frei agieren.

Ein selbstorganisiertes Team dagegen ist wie ein Mobile, dessen Einzelteile sich kontinuierlich bewegen und über Sensoren so miteinander kommunizieren, dass sie, statt zu kollidieren, optimal zusammenwirken. Als einzelner Mitarbeiter bin ich Teil eines Organismus, dessen Einzelteile ich kenne und verfeinert wahrnehme, aber meine Wege ebenso wie die meiner Kollegen sind viel freier als im oben beschriebenen Haus. Ich arbeite mal mit dem einen, mal mit dem anderen Kollegen zusammen. In einem Projekt gebe ich den Takt an, in einem anderen arbeite ich jemandem zu. Je nach Bedarf kann ich meinen eigenen Impulsen folgen und die von anderen aufgreifen.

Dieser flexible, sensible Organismus ist widerstandsfähiger (resilienter). Er kann gut auf plötzliche Veränderungen im Unternehmensumfeld reagieren, Schocks absorbieren und neue Strategien entwickeln.

Gute „Sensoren" sind für die selbstorganisierte Arbeitsweise wesentlich. Während in einer klar strukturierten Organisation feste Hierarchien, Regeln und Prozesse dem Mitarbeiter eine Orientierung im Außen geben, ist der selbstorganisiert arbeitende Mensch darauf angewiesen, dass er viele verschiedene Signale lesen kann, um sich in seinem Arbeitsumfeld zurechtzufinden. Signale, die von ihm selbst, seinen Kollegen und anderen relevanten Stakeholdern (Markt, Kunden, Zulieferern etc.) ausgehen.

Viele dieser Signale begegnen uns weniger als ausdrückliche, klare Botschaften von außen (indem Kollegen sie äußern), sondern sind in unserem eigenen Inneren und dem Innenleben unserer Kollegen zu finden. Hier greift Prinzip **#2**: Je weniger sich Menschen an äußeren Strukturen orientieren können, desto mehr müssen sie in der Lage sein, innere Prozesse und Botschaften wahrzunehmen und korrekt zu interpretieren.

Mitglieder eines selbstorganisierten Teams müssen beispielsweise wissen, was sie zu konkreten Aufgaben beitragen können, wo sie an ihre eigenen Grenzen stoßen und folglich auf die Mitarbeit anderer angewiesen sind. Im Team brauchen sie ein Gespür für die Kompetenzen und den gegenwärtigen Zustand ihrer Kollegen. Ist die Kollegin momentan an ihrer eigenen Auslastungsgrenze angekommen? Ist der Kollege gerade offen und neugierig auf neue Themen? Haben Teammitglieder ein gutes Gespür füreinander, müssen sie darüber hinaus in der Lage sein, klar und deutlich miteinander zu kommunizieren, um die Zusammenarbeit kollegial zu gestalten. Im Arbeitsprozess ist es immer wieder wichtig, das eigene Handeln und das Zusammenspiel des Teams auf der Metaebene zu reflektieren. Nur aus dieser Vogelperspektive heraus sind Teams in der Lage, Chancen und Schieflagen zu erkennen und ihr Verhalten und ihre Prozesse situativ anzupassen.

Ein Beispiel: Ein Team will Meilensteine für ein neues Projekt planen. Doch statt zu einem klaren Ergebnis kommt es wiederholt zu endlosen Detaildiskussionen. Die Spannung wird immer größer und alle Beteiligten sind voneinander genervt. Vordergründig könnte man annehmen, inhaltliche Differenzen würden den

Schwierigkeiten zugrunde liegen. Da das Team aber schon mehrmals erfolglos versucht hat, auf der Inhaltsebene eine Einigung zu erzielen, scheint das Problem woanders zu liegen.

Um die Dynamik besser zu verstehen, kann das Team das AQAL-Modell (ausführlich beschrieben in Kapitel 2, → S. 22) heranziehen und die einzelnen Quadranten durchgehen. Es kann sich fragen, ob das Problem auf der Verhaltens- oder Kompetenzebene (rechts/oben) liegt: „Reiben wir uns an unseren unterschiedlichen Verhaltensweisen?" Oder: „Haben wir die notwendigen Kompetenzen, um das Projekt gut durchzuführen?" Vielleicht entstehen die Schwierigkeiten aber auf der Bedürfnis- und Interessenebene (links/oben): „Fühlen wir uns sicher genug, um uns in den Prozess einzubringen?", „Gehen wir von den gleichen Grundannahmen aus und verfolgen die gleichen Interessen?"

Als ganzer Mensch erscheinen

Um diese Fragen zu beantworten, muss jedes Teammitglied in der Lage sein, sich selbst und seine Kolleginnen und Kollegen zu reflektieren und mit ihnen offen zu sprechen. Dies ist nur möglich, wenn Menschen im Arbeitsumfeld authentisch auftreten. Laloux spricht in **Reinventing Organizations** ausführlich über die Fähigkeit, sich als „ganzer Mensch" einzubringen, und sieht darin eines der wichtigsten Merkmale „türkiser" Organisationen. Als „ganzer Mensch" auftreten bedeutet, die oft strenge Trennung zwischen beruflichem und privatem Auftreten aufzuheben und mit allen Schattierungen am Arbeitsplatz zu erscheinen. Authentizität ist dabei kein Selbstzweck, sondern Voraussetzung dafür, dass Mitarbeiter genug voneinander wissen, um effektiv selbstorganisiert zu arbeiten.

Wir werden oft gefragt, ob es wirklich notwendig ist, dass Mitarbeiter ihren Kollegen tiefere Einblicke in ihre persönlichen Ansichten und ihr Innenleben geben. Hinter dieser Frage steckt auch die Befürchtung, derart kommunikationsfreudige Teams würden gar keine Zeit mehr für die anstehenden Arbeiten haben. Diese Bedenken können wir gut auffangen: Niemand wird gezwungen, sein Privatleben vor anderen offenzulegen und Dinge zu erzählen, die man eigentlich für sich behalten möchte. Es geht darum, mit anderen die Informationen zu teilen, die für die berufliche Zusammenarbeit relevant sind. So ist es beispielsweise für ein Team wichtig, zu wissen, wenn ein Krankheitsfall in der Familie eine Mitarbeiterin sehr belastet und sie deshalb niedergeschlagen und unkonzentriert ist. Zugleich muss niemand Details der Erkrankung oder die Anzahl der durchwachten Nächte wissen.

Die hier beschriebenen Fähigkeiten, zum Beispiel sich selbst und Kollegen präzise wahrzunehmen oder zwischen sachlichen und emotionalen Problemen zu trennen, sind innere Qualitäten. Sie erfordern sowohl eine bestimmte Reife in jedem Einzelnen, als auch das Interesse, sich als Mensch weiterentwickeln zu wollen. Dies widerspricht der landläufigen Vorstellung vom Menschen. Denn im Einklang mit dem rationalistischen Weltbild der Aufklärung gehen wir meist davon aus, der menschliche Reifungsprozess sei im frühen Erwachsenenalter abgeschlossen.

Doch aus der modernen Neurobiologie, der Entwicklungspsychologie und der Verhaltensökonomie wissen wir, dass der Mensch in einen kontinuierlichen Veränderungsprozess eingebunden ist und seine Aufmerksamkeit und sein Bewusstsein wachsen und reifen können. Während dieses Prozesses, der ein ganzes Leben lang andauern kann, wird dem Menschen immer mehr Unbewusstes bewusst und seine Fähigkeit, Komplexität und Widersprüche zu erkennen, nimmt zu.

Unser Innenleben, die innere Struktur, mit der wir uns selbst und die Außenwelt wahrnehmen, ist ein weitgehend undefiniertes Terrain. Unsere innere Wahrnehmung speist sich aus unzähligen Quellen und verändert sich ständig. Unser Inneres kann sich mal wie ein kubistisches Werk anfühlen: verzerrt, konfus, inkohärent. Dann wieder gleicht es eher einem Mondrian oder einem japanischen Zen-Garten: klar, ruhig, präzise.

Dieses fluide Innenempfinden ist der Filter, durch den wir die äußere Welt wahrnehmen. Wenn wir davon ausgehen, dass die äußere Welt immer komplexer wird, muss sich notwendigerweise auch unser Filter verändern. Ansonsten sind wir nicht in der Lage, neue Entwicklungen wahrzunehmen. Um den Filter wiederum zu verändern, müssen wir uns innerlich weiterentwickeln. Genau darum geht es beim Inner Work.

Um in selbstorganisierten Teams ohne konstante Außenstruktur gut zu arbeiten, müssen wir in der Lage sein, unsere inneren Prozesse ausreichend klar zu erkennen und in ihnen zu navigieren. Wenn wir davon sprechen, dass im Zuge der Selbstorganisation äußere Strukturen nach innen verlagert werden (Prinzip #2), meinen wir damit, dass Menschen mit ihrem eigenen inneren Erleben, ihren körperlichen und emotionalen Empfindungen und mentalen Prozessen ausreichend vertraut sind (statt von ihnen überwältigt zu werden oder unbewusst darin herumzustochern).

Wenn innere Kompetenzen die Voraussetzung für Selbstorganisation sind, über welche konkreten Fähigkeiten sprechen wir dann? Alle Kompetenzen starten bei dem Einzelnen. Je fähiger – das heißt klarer und bewusster – Menschen sich selbst reflektieren können, desto kompetenter interagieren sie auch mit ihren Kollegen und anderen Partnern. Deshalb steht an erster Stelle ein ausreichender Selbstkontakt.

Selbstreflexion und Selbstkontakt

Selbstreflexion bezeichnet die Fähigkeit, in sich selbst einen Schritt zurückzutreten und die eigenen Handlungen, Gedanken und Empfindungen zu erkennen. Dieser Schritt zurück schafft eine Distanz zur unmittelbaren Erfahrung. In der Entwicklungspsychologie wird davon gesprochen, dass Menschen etwas, das sie bis dato als Subjekt empfunden haben, als Objekt wahrnehmen können.

Eine Mitarbeiterin in einem Startup empfindet ihren Arbeitsplatz oft als bedrohlich. Sie hat Angst vor ihrem Chef und geht davon aus, dass ihre Kollegen sie kritisch beäugen. Im Zuge der neuen transparenteren Kommunikation im Team hört sie jedoch, dass ihre Kollegen ihr positiv und wohlgesinnt gegenüberstehen. Sie realisiert, dass die Bedrohung nicht real ist, sondern in ihrem Inneren entsteht, wenn sie Stress hat. Vor dieser Erkenntnis war die Mitarbeiterin vollkommen mit ihrem Gefühl identifiziert: Die Welt war bedrohlich. Durch den Abgleich von Fremd- und Eigenwahrnehmung im Team gelingt es ihr, dieses Gefühl zu objektivieren, das heißt, sie sieht, dass ihre Realität gar nicht gefährlich ist, sondern Stress dieses Gefühl in ihr erzeugt. Aus dieser neuen Distanz heraus kann sie auch in Stresssituationen wahrnehmen, dass sie nicht objektiv gefährdet ist, sondern das Gefühl der Bedrohung unabhängig davon in ihr auftaucht.

Erst in der Distanz zum eigenen inneren Erleben können wir die Ebenen dahinter sehen und verstehen, was uns motiviert und welche Treiber hinter unserem Verhalten, unseren Gefühlen und Gedanken liegen. Je klarer wir unsere innere Landschaft sehen, desto besser ist unser Selbstkontakt.

Nun haben verschiedene Menschen nicht nur sehr unterschiedliche Zugänge zu sich selbst. Sie variieren auch darin, **wozu** sie Kontakt haben. Denn wir können zwischen mindestens drei Aspekten unterscheiden: der kognitiven, der emotionalen und der physischen Ebene. Manchen Menschen fällt es leicht, ihr Verhalten und die eigenen Gedankengänge von außen zu beobachten und mit anderen darüber zu sprechen. Für andere ist dies viel schwerer. Das eigene Innenleben erscheint ihnen oft wirr und ungreifbar.

Das Gleiche gilt für die Identifizierung von körperlichen Empfindungen. Merkt ein Mensch, wo er verspannt oder entspannt ist? Ob er Schmetterlinge im Bauch hat oder einen Kloß im Hals? Dass er sich bei jedem Gespräch innerlich hochzieht und seinen Kontakt zur Basis und zu seinem Körper verliert?

Für viele Menschen, uns Autorinnen eingeschlossen, ist die Gefühlsebene am wenigsten zugänglich. Fragen wir Menschen, wie sie sich fühlen, bekommen wir oft Antworten wie „gut", „gelangweilt", „genervt". Doch das sind keine Gefühle, sondern Befindlichkeiten. Die sogenannten Primäremotionen sind Freude, Neugier, Angst, Trauer, Scham, Ekel, Ohnmacht oder Wut. Diese klar zu benennen ist erstaunlich schwer.

Wieso fällt es vielen Menschen so schwer, ihre Emotionen zu kontaktieren? Die Gründe dafür liegen meist in der Kindheit. Wir lernen unsere Gefühle dadurch besser kennen, dass unsere Eltern sie uns spiegeln. Dies setzt jedoch voraus, dass Eltern Emotionen selbst adäquat wahrnehmen können. Doch in vielen Familiensystemen werden gerade unangenehme Gefühle wie Wut, Trauer oder Scham vermieden und damit auch nicht den Kindern zurückgespiegelt. Tauchen sie dann in den Kindern auf, können diese sie nur schwer einordnen. Zudem erleben Kinder, die nicht ausreichend von ihrer Umgebung unterstützt werden, sehr starke Emotionen als überwältigend. Sie schützen sich dann selbst, indem sie sich anspannen und starr werden – mit der Folge, dass diese verspannten Areale später nicht mehr dynamisch auf die Umwelt reagieren können. Oft fühlen Menschen sich an diesen Punkten dann diffus und taub.

Die Unterdrückung von Gefühlen wird in der Arbeitswelt fortgesetzt. In den meisten Unternehmen gelten Emotionen als unprofessionell und unerwünscht. Folglich blenden wir sie aus, auch wenn sie in vielen Arbeitssituationen relevanter sind als kognitiv-sachliche Fakten. Da wir keine Sprache und Kultur haben, um Gefühle adäquat einzubeziehen, doktern wir an der Sachebene herum. Diese Verwechslung der Ebenen ist jedoch zum Scheitern verurteilt. Denn die wenigsten Themen lassen sich erfolgreich auf der Sachebene vorantreiben, wenn Menschen emotional aufgewühlt und abgelenkt sind. Wenn wir nur einen Bruchteil der relevanten Information in Lösungen einbeziehen, das heißt in diesem Fall uns rein auf die kognitive Ebene konzentrieren, reduzieren wir unser Lösungs- und Innovationspotential.

Selbstkontakt ist in herkömmlichen Hierarchien nicht so bedeutsam wie in flachen Organisationen. Arbeiten wir in einem festgefügten Strukturrahmen, bietet dieser uns auch in unklaren Situationen einen ausreichenden Orientierungsrahmen. Sind wir emotional aufgewühlt, fühlt sich das zwar nicht gut an und färbt auf unsere Arbeitsqualität, Motivation und Innovationsfreude ab. Wir haben aber genug äußeren Halt, um als Einzelner oder im Team nichtsdestotrotz weiterzumachen.

In selbstorganisierten Teams, die diese äußeren Strukturen reduziert haben, werden dagegen innere Informationen viel wichtiger. Um die Zusammenarbeit in einem Team auf eine vertrauensvolle Basis zu stellen, möglichst intelligente Entscheidungen zu treffen und gut verzahnt Aufgaben zu bewältigen, müssen wir unsere eigenen physischen, emotionalen und intellektuellen Facetten mit einbringen.

Praktisch bedeutet das für jedes Teammitglied, Fragen wie die folgenden auf dem Schirm zu haben und an kritischen Stellen in den Arbeitsprozess einzubringen: „Was denke ich?", „Wie fühle ich mich?", „Was brauche ich?", „Was ist mir im jetzigen Arbeitsprozess wichtig?".

Diese Art von Selbstkontakt und Reflexion können wir in den im Kapitel 6 [→ S. 59] beschriebenen Check-in- und Check-out-Runden sowie mit der Eisberg-Übung trainieren. Nur wenn Menschen wissen, wie es ihnen geht und was ihnen wichtig ist, können sie sich in den fluiden Prozess selbstorganisierter Teams eingliedern. Andernfalls sind sie darauf angewiesen, dass andere ihnen einen Platz zuschreiben und Anweisungen geben. Doch dies sehen die meisten selbstorganisierten Arbeitsmodelle nicht vor. Ohne ausreichenden Selbstkontakt können Mitarbeiter sich nicht authentisch und klar in die Unternehmung einbringen.

Kann eine Mitarbeiterin beispielsweise ihren eigenen Ärger nicht richtig fühlen und ist sich ihrer inneren Spannung nicht bewusst, wird sie ihn sehr wahrscheinlich unbewusst und indirekt in den Dialog mit ihren Kollegen einbringen oder ihn auf ihr Gegenüber projizieren. In beiden Fällen wird der Austausch wahrscheinlich diffus und missverständlich. Um klar mit Kollegen und anderen Partnern kommunizieren zu können, müssen Teammitglieder also zuerst einmal Klarheit über sich selbst haben.

Ich kann das. Du kannst das nicht.

Kompetenzbasiertes Arbeiten beruht darauf, dass Menschen ihre eigenen Kompetenzen und die ihrer Kollegen realistisch einschätzen können. Nur wenn ich sicher bin, dass meine Kollegin eine gute Entscheidung treffen kann, fühle ich mich bereit, ihr große Verantwortung zu übertragen. Dafür müssen Teams sich zuerst einmal gewahr werden, welche Kompetenzen sie brauchen, um ihre Aufträge gut zu erfüllen. Dabei ist es sinnvoll, zwischen den unterschiedlichen Kompetenzbereichen, beispielsweise zwischen Fähigkeiten auf fachlicher Ebene, im Projektmanagement, in der Kommunikation, Führung oder im Bereich Innovation, zu unterscheiden. Hierbei können etablierte Kompetenzmodelle wie der Clifton Strength Finder helfen. Zusätzlich zu diesen formellen Tests schlägt Bettina vor, sich in Zweierteams zum Mittagessen zu verabreden. Dort stellt jede Mitarbeiterin der anderen die Ergebnisse ihres Selbsteinschätzungstests vor und bekommt Feedback. Auf der Basis einer großen Bandbreite von Feedback lernen Kollegen viel über ihre eigenen Stärken und Schwächen. Die wechselseitige Praxis ermöglicht es, Selbstbild und Fremdbild abzugleichen, sie stärkt Vertrauen und Intimität innerhalb des Teams.

Empathie, Co-Kreation, Feedback und Konflikt

Selbstkontakt, Selbstreflexion und Sicherheit des Einzelnen bilden die Basis für eine gute Teamkommunikation. Transparente Kommunikation in einem sicheren und vertrauensvollen Umfeld ist das A und O der Selbstorganisation: Um agil Entscheidungen zu treffen, Fehler zuzulassen und gemeinsam zu lernen, müssen

Teams in der Lage sein, einen kontinuierlichen co-kreativen Dialog zu führen.

Das gelingt nicht ohne Empathie. Empathie ist der Klebstoff, der Gemeinschaften zusammenhält. Konkret bezeichnet sie die Fähigkeit, sich auf einen anderen Menschen zu beziehen und mit ihm mitzufühlen, also zu merken, wie es dem Gegenüber physisch, emotional und geistig geht. Das ist oft einfacher gesagt als getan. Viele Menschen, wir Autorinnen eingeschlossen, tendieren dazu, sich intellektuell in andere Menschen einzufühlen, das heißt, wir merken, dass unser Gegenüber gerade traurig, wütend oder beschämt ist, schwingen aber selbst nicht emotional mit. Doch es ist genau diese erlebte Resonanz zwischen Menschen, die Vertrauen und Sicherheit aufbaut. Die intellektuelle Identifikation von Emotionen ist dabei nur der erste Schritt.

Je ausgeprägter die Empathiefähigkeit ist, desto besser können Feedback und Konflikte geregelt werden. In beiden Fällen ist ein selbstreflexiver und einfühlsamer Umgang miteinander wesentlich. Um klares Feedback geben zu können, müssen Mitarbeiter in der Lage sein, zu erkennen, ob ihre Äußerungen durch eigene Gefühle oder Befindlichkeiten eingefärbt sind. Einfühlungsvermögen ist wichtig, um den richtigen Zeitpunkt für Feedback einschätzen zu können (Kann das Gesagte vom Gegenüber gerade wirklich gehört werden?), aber auch, um die richtige Sprache zu finden.

Mitarbeiter müssen also ihr Gegenüber klar wahrnehmen können und sich fragen: „Wie formuliere ich die Botschaft so, dass mein Gesprächspartner sie gut versteht?" Insbesondere kritisches Feedback ist für die meisten Menschen schwer anzunehmen. Noch schwerer aber ist es, wenn der Adressat sich unsicher fühlt. Deshalb gehört zur empathischen Kommunikation, dass derjenige, der einen kritischen Punkt ansprechen möchte, wahrnimmt, ob sein Gegenüber sich ausreichend sicher fühlt. Ist dies nicht der Fall, sollte man versuchen, ein Umfeld zu schaffen, in dem sich Sender und Empfänger möglichst wohl fühlen.

Ähnliches trifft für Konflikte zu: Diese können nur gelöst werden, wenn die Betroffenen wissen, was ihnen wichtig ist (Selbstreflexion), und offen und fähig sind, von dem Gegenüber zu hören, was diesem wichtig ist (Empathie).

Was macht man jedoch in den Fällen, in denen Menschen zur Empathie nicht fähig sind? Wenn sie ihr Gegenüber nicht fühlen können und auch gar nicht die Notwendigkeit sehen, Empathie zu entwickeln?

Da selbstorganisierte Zusammenarbeit Empathie als Kernkompetenz braucht, werden in diesen Fällen unweigerlich Spannungen auftreten. Teams haben dann zwei Möglichkeiten: Entweder die empathieschwache Mitarbeiterin und das Team trennen sich oder Teams können die Mitarbeiterin so akzeptieren, wie sie ist, und achten darauf, dass sie Aufgaben übernimmt, bei denen Empathie weniger wichtig ist.

Alle hier genannten Fähigkeiten basieren darauf, dass Teams co-kreativ miteinander sprechen können. Darunter verstehen wir eine Qualität, die es allen Beteiligten ermöglicht, sich sicher und frei zu fühlen, alles Notwendige zu sagen und auszuprobieren. Das klingt vielleicht selbstverständlich, ist es aber nicht. Viele Beziehungen und Arbeitsumgebungen sind durch eine sogenannte positionale Gesprächskultur geprägt. Für diese ist typisch, dass die Teilnehmer ihre Beiträge taktisch platzieren, beispielsweise indem sie nur etwas sagen, um vom Chef wahrgenommen zu werden. Beliebt sind auch transaktionale Beiträge. Dann sagen Mitarbeiter nur etwas, wenn jemand anders auch etwas sagt. Oder sie tauschen Informationen nur aus, wenn sie vom Gesprächspartner ebenfalls gleichwertige Informationen bekommen. Im Gegensatz dazu gelingt es co-kreativen Teams ihre Beiträge konstruktiv aufeinander abzustimmen. Wenn alle Beteiligten gut zuhören und frei sprechen können, gelingt es Teams, innovativ zu sein und ihr kollektives Potential wirklich einzulösen.

Eine co-kreative Gesprächsqualität ist für kompetenzbasierte Hierarchien unabdingbar. Sie baut sich in Unternehmungen meist sukzessive auf. Im **betterplace lab** lernten Teammitglieder, immer offener über ihre jeweiligen Kompetenzen zu sprechen. Zu Beginn wurden beispielsweise die „Überblickerrollen", eine besondere Gruppe von Rollen, die wir weiter unten ausführlicher beschreiben, noch verdeckt bestellt. Hierfür bat Bettina alle Mitarbeiter, mit geschlossenen Augen mit dem Finger auf die Person in der Runde zu zeigen, die für den Finanzüberblick am kompetentesten erschien. Bettina teilte der Gruppe dann mit, wer die eindeutige Favoritin beziehungsweise die wichtigsten Kandidaten für die Rolle waren. Ein Jahr später fand diese Auswahl mit offenen Augen statt. Jetzt war es möglich, transparent über wahrgenommene Stärken und Schwächen zu sprechen. Mitunter kam es zu kritischen Diskussionen, ob jemand wirklich für eine Rolle geeignet war, aber da diese in einem wertschätzenden Ton stattfanden, fühlte sich niemand nachhaltig verletzt. Nur wenn Rollen so offen besprochen werden können, statt im Wettbewerb ausgehandelt zu werden, können sie optimal besetzt werden.

Metareflexion, Multiperspektivität und das große Ganze

In einer hierarchischen Unternehmung überblicken Führungskräfte im besten Fall nicht nur die Mitarbeiter, sondern auch Partner, Kunden, Zulieferer, Wettbewerber und das gesamte Marktumfeld. Sie beobachten, wie die unterschiedlichsten Facetten und Akteure innerhalb ihres Geschäftsbereichs zusammenspielen. Sie setzen Prioritäten und treffen die maßgeblichen Entscheidungen. Sie sehen, wer im Unternehmen miteinander harmoniert und wo Spannungen und Schwierigkeiten auftauchen. Sie haben einzelne Mitarbeiter und Teams ebenso im Blick wie die Unternehmenskultur als Ganzes.

In einem selbstorganisierten Team liegt diese Verantwortung nicht mehr bei einem Einzelnen oder einem kleinen Führungskreis. Stattdessen ist sie auf mehrere Mitarbeiter oder das gesamte Team verteilt. Dies bedeutet, jeder muss in der Lage sein, das „große Ganze" in den Blick zu nehmen, oder wenn dies noch nicht ausreichend gelingt, seine Fähigkeit zur Übersicht (Metareflexion) zu schulen.

Metareflexion bezeichnet die Fähigkeit, aus dem aktuellen Geschehen herauszutreten und es von außen zu betrachten und zu analysieren. Das „Tanzfläche und Balkon-Modell" des Harvard Management-Professors Ronald Heifetz (2002) verdeutlicht das Prinzip anschaulich. Wenn wir im Alltag in einem Team zusammenarbeiten, befinden wir uns auf der „Tanzfläche". Diese beschreibt Heifetz so:

„Die meiste Aufmerksamkeit gilt unserem Tanzpartner und ein kleiner Rest stellt sicher, dass wir nicht mit Tänzern in der Nähe kollidieren. Wenn dich später jemand nach dem Tanz fragt, antwortest Du: ‚Die Band spielte großartig und der Raum war voller Tänzer.'"

Wollen wir tiefere Einblicke in die Eigenarten unserer Zusammenarbeit gewinnen, müssen wir auf den „Balkon" treten und die Tänzer von außen betrachten. Von dort werden uns viele Muster bewusst:

„(...) vielleicht hast Du bemerkt, dass bei langsamer Musik nur wenige Leute tanzten; wenn das Tempo zunahm, die Tanzfläche voller wurde, einige Leute jedoch nie zu tanzen schienen (...) die Tänzer sich in einer Ecke des Raumes konzentrierten, so weit wie möglich von der Band entfernt (...) Du hättest vielleicht berichten können, dass die Band zu laut spielte und Du selbst nur zu schneller Musik getanzt hast."

Heifetz fasst zusammen: Die einzige Möglichkeit, sowohl einen klareren Blick auf die eigene Realität als auch eine Perspektive auf das Gesamtbild zu bekommen, besteht darin, das Getümmel aus der Distanz zu betrachten.

Damit diese Form von Metareflexion gelingt, muss sie geübt werden. Im **betterplace lab** findet nach größeren Meetings eine kurze „Balkon-Session" statt. Für 5–10 Minuten beschreiben Teammitglieder ihre Beobachtungen aus der Vogelperspektive. Dabei geht es auch darum, herauszufiltern, was nur in einzelnen Mitarbeitern vor sich geht, welche Aussagen hingegen allgemeingültig sind und die kollektiven Muster im Team treffend beschreiben. Die gleiche Fähigkeit schult das Team auch im wöchentlichen Teammeeting. Nachdem alle Anwesenden mit wenigen Sätzen „eingecheckt" haben, fragt die Protokollantin: „Wie geht es dem **betterplace lab**?" Nun versuchen die Mitarbeiter, sich auf diese kollektive Ebene einzustimmen. Einer sagt vielleicht: „Gut im Flow", jemand anders schlägt „Das **lab** lernt gerade viel" vor. Ein anderer nimmt wahr, dass das **lab** „sehr unter Druck steht" oder „wenig neugierig auf Neues ist". In anderen, unter anderem von Frederic Laloux beschriebenen Unternehmen, stellen Teams einen realen Stuhl als Stellvertreter für die Gesamtunternehmung bereit, um ihr Gespür für diese kollektive Ebene zu trainieren und zu lernen, dieses von der eigenen Befindlichkeit zu trennen.

Genau um diese Unterscheidungsfähigkeit geht es bei der Übung. Was nimmt der Einzelne für sich subjektiv wahr und wie gelingt es Teams, sich die gemeinsame Dynamik bewusst zu machen? Während wir anderen zuhören, lernen wir, uns auf fremde Perspektiven einzulassen. Teammitglieder üben sich darin, ihre eigenen

Wahrnehmungen auszutauschen und diese gemeinsam zu überprüfen. Einzelne stellen fest, dass ihre Beobachtungen sich mit anderen decken oder stark von diesen abweichen. Wenn die Übung spielerisch gehalten wird (und nicht in einen Wettbewerb ausartet), können wir uns eingestehen, wo wir unsere persönliche Wahrnehmung mit dem Gruppenmuster verwechselt haben und wo wir unsere eigene Perspektive auf andere projiziert haben. Die Übung ist hervorragend dazu geeignet, dass Teams sich ihrer Unterschiedlichkeit bewusst werden und zugleich lernen, sich gegenseitig darin zu unterstützen, die eigene Wahrnehmung zu präzisieren. Auf diese Weise lernen Gruppen, wie sie gemeinsam ein klares Bild von einer Situation bekommen und aus dieser Klarheit neue Erkenntnisse und die richtigen nächsten Schritte für die Unternehmung entwickeln können.

Metareflexion fordert uns in einem weiteren Bereich heraus: Sie verlangt einen Perspektivenwechsel, die Multiperspektivität. Während Empathie die Fähigkeit bezeichnet, mit dem Gegenüber „mitzuschwingen", das heißt, das Erleben des anderen auf sich selbst zu beziehen, so geht Multiperspektivität einen Schritt weiter. Bei der Multiperspektive tritt der Mensch teils aus dem eigenen Erleben heraus, um die Perspektive des anderen noch viel umfassender einzunehmen. Auf diese Weise können Menschen sich auch auf Ansichten und Empfindungen beziehen, die sie selbst noch nicht erlebt haben. Das können so herausfordernde Erfahrungen sein wie Krieg oder Missbrauch, aber auch viele alltägliche Vorkommnisse, beispielsweise wenn eine Mitarbeiterin die Angst eines Kollegen bei einer Präsentation nachvollziehen kann, obwohl sie sich selbst als Rednerin bei öffentlichen Vorträgen pudelwohl fühlt.

Warum ist Metareflexion so wichtig?

Schauen wir nur aus unserer individuellen Perspektive vom Balkon auf die Tanzfläche hinunter, werden unser Verständnis und das darauf aufbauende Feedback unsere individuellen Motive, Bewertungen und Bedürfnisse widerspiegeln. In einem Team mit verteilter Führung bedarf es jedoch gerade der Kompetenz, den Arbeitsprozess und das Marktumfeld aus der Perspektive des „großen Ganzen" zu sehen.

Der Blick von außen erweist sich als ein zentrales Element für eine erfolgreiche Unternehmenstransformation. Denn ohne ein umfassendes Gerüst von Strukturen und Prozessen müssen Teams die Fähigkeit haben, ihren Arbeitsprozess als Gesamtgebilde im Blick zu haben. Sie müssen verstehen, welche Auswirkungen eine Einzelentscheidung im gesamten System hat und welche Akupunkturpunkte wirksam sind, um bestimmte Veränderungen zu beginnen. Nur so können sie Abläufe und Strategien bewusst gestalten und bei Störungen schnell anpassen.

Im Laufe vieler Metareflexionsrunden merkte das Team von **Ashoka Deutschland**, wie schwer es einzelnen Mitarbeitern fiel, schwierig empfundene Themen offen anzusprechen. Besonders schwer war es offenbar, klar und deutlich Grenzen zu ziehen und „Nein" zu sagen. Stattdessen redeten Teammitglieder um den heißen Brei herum und suchten nach rationalen Gründen für Entscheidungen, die eigentlich in individuellen Vorlieben begründet waren. Mit der Zeit bemerkte das Team, wenn es mal wieder in eine lange Diskussion verwickelt war, die nur um sich selbst kreiste, und versuchte, diese dann auf der Metaebene zu verstehen. Tat sich gerade jemand schwer, klar öffentlich zu sagen, dass sie etwas NICHT möchte? War jemand gerade nicht fähig, Position zu beziehen, weil er Angst hatte, einen Kollegen zu kritisieren? Mit mehr und mehr Übung gelang es dem Team immer besser, aus der Beschränktheit der eigenen Perspektive herauszutreten und die größere Dynamik im Team zu sehen und zu benennen.

Um ein größeres Team auf dem inneren Schirm zu haben, hat der schwedische Autor und Filmregisseur Kay Pollak eine interessante Übung entwickelt, die er 2014 auf der *Wisdom* Konferenz in Stockholm beschrieb. Morgens vor der Arbeit nimmt er sich ein selbst gemachtes Kartenspiel vor. Auf jeder Karte befindet sich das Foto eines Mitarbeiters. Diese geht er eine nach der anderen durch und stimmt sich energetisch auf die unterschiedlichen Menschen ein. Auf diese Weise erhält das ganze Team einen Platz in seinem Inneren und es fällt ihm dementsprechend leichter, im Arbeitsalltag auf die vielen verschiedenen Persönlichkeiten einzugehen.

Die Fähigkeit, das große Ganze im Blick zu behalten und sich von Komplexität nicht einschüchtern zu lassen, sondern die daraus resultierenden Widersprüche auszuhalten, ist eine wichtige Kompetenz von Unternehmern. In Joanas Erfahrung liegt hier auch eine der großen Herausforderungen für verteilte Führung. Es gibt oft gute Gründe, weshalb Menschen sich dazu entscheiden, nicht selbst ein Unternehmen zu gründen, sondern sich anstellen zu lassen. Bekommen diese Mitarbeiter nun wesentliche Führungsverantwortung, müssen aus Angestellten Mitunternehmer werden.

Während Mitarbeiter im **betterplace lab** unter Joanas Führung weitgehend eigenständig ihre einzelnen Projekte bearbeiteten, mussten sie in der post-Joana Phase unvergleichbar mehr Information im Blick halten. Da niemand die ganze Komplexität einer Unternehmung „wissen" kann, müssen Teammitglieder lernen, in Unsicherheit zu navigieren. Der Unternehmer ist eher Jongleur mit einem Dutzend Bälle, die es in der Luft zu halten gilt, als Mittelstreckenläufer. Typisch für das unternehmerische Mindset ist es, verschiedenste Themen in unterschiedlichen Phasen „kreisend", sowohl in der Breite als auch in der Tiefe, voranzutreiben. Die dazu notwendigen intellektuellen und emotionalen Kapazitäten reifen nicht einfach von selbst, sondern müssen erlernt werden.

Zu diesen inneren Kompetenzen gesellen sich noch andere praktische Fähigkeiten. So müssen Mitarbeiter einen gewissen Grad an unternehmerischem Verständnis aufbauen, um die Konsequenzen ihrer Entscheidungen auch entlang objektiver wirtschaftlicher und rechtlicher Tatsachen einschätzen zu können.

Der Spagat zwischen qualitätsvoller inhaltlicher Arbeit auf der einen Seite und unternehmerischem Überblick auf der anderen wird im **betterplace lab** immer wieder als Konflikt zwischen „Spezialisten" und „Generalisten" wahrgenommen. Teammitglieder sehen sich vor die Herausforderung gestellt, neben ihren inhaltlich getriebenen Projekten in Themengebieten wie digital-soziale Trendforschung, Fake News oder Flüchtlingsintegration auch solide übergreifende Fähigkeiten im Bereich Projektmanagement oder Vertrieb zu entwickeln. Sie fragen sich, ob jeder von ihnen beides gleich gut können muss. Mancher Konflikt zwischen Teammitgliedern basiert darauf, dass Mitarbeiter sich nur in einem Bereich sicher und kompetent fühlen, von den anderen dafür aber weniger wertgeschätzt oder sogar offen kritisiert werden. Um diesen Konflikt zu überbrücken, müssen alle Mitarbeiter ein Gefühl für die Gesamtheit der Unternehmung bekommen. Sie brauchen ein Gespür dafür, welche unterschiedlichen Aufgaben und Kompetenzen insgesamt gebraucht werden, um qualitätsvolle Arbeit zu leisten. Nur wenn jedes Teammitglied sich an seinem Platz verorten kann und sich dort wertgeschätzt und für seinen Beitrag gewürdigt fühlt, kann die Kluft zwischen Spezialisten und Generalisten überwunden werden.

Negative Folgen fehlender Multiperspektivität

Fehlt es in selbstorganisierten Teams an Multiperspektivität und ganzheitlichem Überblick, so hat das eine Reihe von Effekten. In ihren Beratungen hat Bettina diese typischen Folgen beobachtet:

- Teams fallen auseinander. Teammitglieder ziehen sich auf ihre eigene Perspektive zurück, sodass niemand mehr die Gesamtunternehmung im Blick hat. Gemeinsame Projekte driften auseinander und Synergien lösen sich auf.
- Die Strategie wankt. Es fällt Teams schwerer, die strategische Ausrichtung untereinander abzustimmen.
- Die Arbeitsqualität nimmt ab.
- Lernen, Innovation und Kompetenzentwicklung stagnieren.
- Entscheidungsprozesse bekommen immer mehr basisdemokratischen Charakter.

Diese negativen Effekte lassen sich verhindern, indem Teams gemeinsam praktizieren, über den Tellerrand der eigenen Wahrnehmung zu schauen. Dafür braucht es jedoch eine kontinuierliche Praxis, denn Kompetenzen wie Multiperspektivität und den Blick auf das große Ganze lernen nur die wenigsten von uns im Elternhaus, in der Schule oder am Arbeitsplatz. Sie gehören vielmehr zur „cutting edge", zur aktuell größten Herausforderung in der Entwicklung von Menschen.

Um diese Fähigkeiten zu erlernen, müssen Teams einen Vertrauensraum schaffen, in dem es jedem Einzelnen möglich ist, seine eigenen Kompetenzen und Grenzen auszuloten und diese offen mit Kollegen zu teilen. In diesem Raum ist es möglich, Fehler zuzugeben und der Versuchung zu widerstehen, kompetenter zu erscheinen, als man eigentlich ist. Fehlt dieser Raum, entsteht der oben angeführte „basisdemokratische Effekt": Alle fühlen sich genötigt, bei allen Entscheidungen beteiligt zu sein. In selbstorganisierten Teams sollten aber kompetenzbasierte Entscheidungen gefällt werden. Für diese ist es grundlegend, dass die Kompetenzen klar erkannt und benannt werden können.

Die bis hier dargebotenen Kompetenzen baut Bettina in ihrer Arbeit in der beschriebenen Reihenfolge in Teams auf. [→ Tabelle, S. 131/132]

Insgesamt verbringt Bettina den Hauptteil ihrer Zeit mit der Vermittlung und Erprobung dieser Kompetenzen. Erst nachdem diese erlernt sind, erarbeiten Teams im letzten Drittel des Organisationsentwicklungsprozesses neue Strukturen und Prozesse, die ihre zukünftige Zusammenarbeit stützen. New Work needs Inner Work.

Das Wichtigste auf einen Blick

- Um selbstorganisiert arbeiten zu können, brauchen Teams einen gemeinsamen Überblick darüber, was das Unternehmen macht, wie es arbeitet und was Ziel und Sinn des Ganzen sind.

- Jeder Einzelne muss innerlich ausreichend klar sein: Er muss einen guten Selbstkontakt haben und zur Selbstreflexion fähig sein.

- Empathie ist wichtig, damit Teammitglieder co-kreativ zusammenarbeiten können.

- Transparentes Feedback und Konfliktmanagement sind weitere Basiselemente für eine gesunde Selbstorganisation.

- Für den gemeinsamen Überblick sind Teams in der Lage, „auf den Balkon" zu gehen und ihr eigenes Verhalten auf der Metaebene zu verstehen.

- Über die Zeit entwickeln Teams so einen sicheren Raum, in dem sie effizient und effektiv mit wenig externen Strukturen zusammenarbeiten können.

Praxisfragen

- Wie schätzt Du Deine eigenen Fähigkeiten in den Bereichen Selbstreflexion, Empathie, Feedbackkompetenz und Konfliktmanagement ein? Wo sind Deine Stärken und wo siehst Du Entwicklungspotential?

- Wähle eine konfliktträchtige Erfahrung im Team aus. Kannst Du „vom Balkon aus" neue Informationen wahrnehmen, die zum Konflikt geführt oder beigetragen haben?

Kapitel 8

Die Balance zwischen Reflexion und Umsetzung

Ich betrete die Brücke in dem Moment,
in dem ich sie entwerfe.

Lester Bowie, amerikanischer Jazz-Trompeter

Wenn Mitarbeiter untereinander ihre Gehälter verhandeln, ist das für viele die Kür der Selbstorganisation. Das **betterplace lab**-Team hatte diese Kür schon einmal erfolgreich durchlaufen, als es im zweiten Jahr an eine unerwartete Hürde stieß: Der damalige Vorstand der **gut.org** wollte die selbstverhandelten Gehälter nicht für die Jahresplanung akzeptieren. Die **gut.org gAG** ist die Dachgesellschaft von **betterplace.org**, Deutschlands größter Spendenplattform, und dem **betterplace lab**. Die Spendenplattform arbeitet mit einer flachen funktionalen Hierarchie, das **betterplace lab** ist selbstorganisiert. Diese unterschiedlichen Managementformen existieren meist friedlich nebeneinander. Gelegentlich führen sie jedoch zu Irritationen und Spannungen. Spannung ist jedoch ein zu sanfter Ausdruck für die Emotionen, die im **betterplace lab** hochkochten, nachdem der Vorstand die Gehaltsanpassungen in einem ersten Gespräch abgelehnt hatte. Gefühle der Wut lösten sich mit Ohnmacht und Resignation ab. In Teammeetings, auf dem Flur, beim Mittagessen – überall kreisten die Gespräche um die gescheiterten Verhandlungen. Wer hatte die Gespräche wie empfunden? Wer hatte was gesagt? Wie sollte das Team reagieren? Wer sollte die Verhandlungen weiterführen? Welche Kompromisse waren denkbar? In der aufgeladenen Situation war es schwierig, zur Tagesordnung zurückzukehren. Aber da sich im letzten Quartal die Aufgaben und Abgaben nur so stapelten, mussten die aufgewühlten Mitarbeiter in den kommenden Wochen ein Gleichgewicht finden. Einerseits mussten sie die Spannungen aushalten, die eigene Aufregung und Angst reflektieren und versuchen, die Verhandlungen so gut wie möglich zu führen. Andererseits galt es, Studien zu Ende zu schreiben, Vorträge zu halten, neue Projekte fürs kommende Jahr zu akquirieren.

Reflexion ist kein Selbstzweck

Bisher haben wir uns mit den Wirkungsmechanismen und Kompetenzen beschäftigt, die New Work ermöglichen. Besonders wichtig ist dabei die transparente Kommunikation, die Teams befähigt, sich in dem komplexen, ständig verändernden Gebilde selbstorganisierter Zusammenarbeit zu bewegen. Offene Reflexion und direkte Kommunikation ermöglichen einen neuen Grad der Kooperation, bei der nicht nur die jeweils relevanten fachlichen Informationen miteinbezogen werden, sondern auch wertvolles Zusatzwissen wie die Interessen, Herausforderungen und Bedürfnisse der Beteiligten. Mehr relevante Information führt zu besserer Arbeit und größerer Zufriedenheit.

Reflektieren und Kommunizieren sind jedoch kein Selbstzweck. Wenn Teams erst einmal erlebt haben, wie befreiend und produktiv es ist, auf transparente Art und Weise zu kommunizieren, entwickeln viele die Tendenz, sich kontinuierlich mit sich selbst zu beschäftigen. Die Beschäftigung mit sich selbst (Introspektion) macht so viel Freude! Aber zugleich verliert man sich auch leicht in der immerwährenden Erforschung von Dynamiken, Ursachen und Bedürfnissen. Man droht, sich um sich selbst zu drehen und mehr Verwirrung als Klarheit zu stiften. Entscheidungen werden zerredet, Umsetzungen aufgeschoben. Insbesondere Teams, die vorher schon eine latente Entscheidungsschwäche hatten, nutzen die gemeinsame Introspektion gerne dazu, Entscheidungen immer weiter hinauszuschieben.

In dieser Phase ist es deshalb wichtig, einzuschätzen, ob die vertiefte Kommunikation noch produktiv ist oder ob es eher an der Zeit ist, Selbstreflexion zu begrenzen und sich auf die nächsten Arbeitsschritte zu konzentrieren. Wie im gesamten New Work-Prozess gibt es auf diese Frage keine allgemeine Antwort. Stattdessen müssen die Beteiligten lernen, wie ein gutes Gleichgewicht zwischen Arbeitsauftrag und Mitarbeiterprozess aussieht.

In Unternehmen sind Kommunikationskompetenzen Werkzeuge, um die Dinge, die wir gemeinsam in die Welt bringen wollen – Produkte, Dienstleistungen, Prozesse –, besser zu machen. Wir wollen Dinge erfolgreicher und wirksamer gestalten. Für eine gesunde Balance zwischen Reflexion und Kommunikation auf der einen und Manifestation auf der anderen Seite müssen wir zwei Kompetenzen beachten: unsere Fähigkeit, Pläne umzusetzen, also die Manifestationskompetenz, und unsere Fähigkeit, Selbstverantwortung zu übernehmen. Diese beiden wollen wir uns in diesem Kapitel näher anschauen.

Manifestationskompetenz

In jeder Unternehmung geht es letztendlich darum, gemeinsam etwas zu schaffen. Strukturen und Prozesse, Kommunikation und Kultur verfolgen keinen Selbstzweck, sondern dienen dieser Manifestation. Im Prozess der Umsetzung – von der ersten Idee bis zur Fertigstellung – können die einzelnen Bestandteile eines Teams entweder an ihren Platz fallen und Synergien erzeugen oder auseinanderdriften und zerfallen. Je nachdem, welche Rollen in einem Unternehmen auszufüllen sind, bedarf es unterschiedlicher Manifestationskompetenzen. Dazu zählen die folgenden:

1. **Visionierung** Um wirklich Neues zu erschaffen, müssen wir ausgetretene Pfade verlassen und unsere eigenen Ideen ernst nehmen und sie stringent verfolgen.
2. **Konzeption** Abstrakte Gedankenimpulse müssen in verständliche Konzepte übersetzt werden. Nur so können wir sie mit anderen teilen und sie erfahrbar machen.
3. **Planung** Konzepte müssen in konkrete Strukturen und Prozesse überführt werden. Arbeitsschritte müssen geplant, nachverfolgt, überprüft und gegebenenfalls angepasst werden.
4. **Umsetzung** Das Geplante muss umgesetzt werden. Dabei gilt es, auf Veränderungen situativ zu reagieren, Herausforderungen im Prozess zu meistern und die Ausdauer zu haben, bis zum Ende dranzubleiben.

Damit Projekte gelingen, braucht es zudem die notwendigen Fachkompetenzen und oft auch betriebswirtschaftliche Kenntnisse. Letztere sind unter Mitarbeitern vormals stark arbeitsteilig differenzierter Unternehmen meist nicht ausreichend vorhanden, da sie bislang von spezialisierten Mitarbeitern abgedeckt wurden. Fehlende Erfahrungen und Verständnis für wirtschaftliche Zusammenhänge führen in Teams jedoch zu Unsicherheiten und Ineffizienzen im Umsetzungsprozess. Um verantwortungsvolle Entscheidungen treffen zu können, müssen Mitarbeiter daher lernen, betriebswirtschaftliche Zusammenhänge zu verstehen. Dies wird jedoch von vielen Mitarbeitern als Druck und unliebsamer Zwang erlebt. Diejenigen, die in wirtschaftlichen Dingen versiert sind, empfinden es ihrerseits als Herausforderung, Entscheidungen mit „Laien" zu fällen und umzusetzen.

Der hier beschriebene vierteilige Manifestationsprozess lässt sich auf unterschiedlichste Art und Weise gestalten, mit klassischen Projektmanagement-Tools bis hin zu agilen Methoden. Die Wahl des Werkzeugs hängt immer auch vom spezifischen Kontext (Handelt es sich um einfache oder komplexe Aufgaben?) und von der Zusammensetzung des Teams ab. In jedem Fall bedarf es in allen vier Schritten zusätzlich noch einiger übergreifender Metakompetenzen:

Risikobereitschaft Mutig zu sein und etwas auszuprobieren.

Entscheidungsfreude Entscheidungen treffen zu können, sich ihrer Tragweite bewusst zu sein, Verantwortung zu übernehmen und gegebenenfalls Konsequenzen zu tragen.

Priorisierung In Komplexität Prioritäten und damit Abfolgen von Arbeitsschritten festlegen zu können.

Lernbereitschaft Fehler zu erkennen und aus ihnen zu lernen.

Temporäre Kompetenzhierarchien

In Unternehmen mit gut funktionierenden hierarchischen Strukturen haben jeweils die Menschen die verantwortungsvollsten Rollen inne, die in den beschriebenen Bereichen besonders kompetent sind. Rollen werden (bestenfalls) langfristig mit Personen, deren Kompetenzen den Anforderungen entsprechen, besetzt. Diese Persönlichkeiten führen oder leiten andere Mitarbeiter in ihren Aufgaben an. Die Regelungen sind dauerhaft, sodass sich Mitarbeiter an ihren Rollen orientieren können.

In einem selbstorganisierten Team fällt diese feste rollenbasierte Führung weg. Teammitglieder müssen gemeinsam die Verantwortung für den Manifestationsprozess übernehmen und dessen Qualität überprüfen. Das Prinzip, welches Selbstorganisation hier ermöglicht, ist die sogenannte „kompetenzbasierte Hierarchie". Darunter verstehen wir Hierarchien, die temporär bestehen und darauf beruhen, dass diejenige, die in einem konkreten Bereich am kompetentesten ist, für einen festgelegten Zeitraum die Führung übernimmt und den Prozess anleitet. Hier entsteht Orientierung nicht über fest vergebene Rollen, sondern über temporäre Mandate, die auf einer gemeinsam geteilten Wahrnehmung von Kompetenz beruhen.

#6 Selbstorganisation beruht auf der Fähigkeit einer Organisation, die Kompetenzen ihrer Mitglieder klar zu erkennen, um dann auf Basis der Anforderungen der zu erfüllenden Aufgabe eine temporäre Hierarchie aufzubauen.

Das ist nicht einfach. Kompetenzbasierte Hierarchien setzen selbstkritische Mitarbeiter voraus, die wissen, was sie können und wo sie an ihre Grenzen stoßen. Im Team muss es dazu einen offenen und empathischen Dialog geben. Mitarbeiter müssen sich trauen, ehrlich zu sein und beispielsweise einer Kollegin zu sagen, dass sie ihre Fähigkeiten anders einschätzen als diese selbst. Jeder muss sich selbst reflektieren und vom Feedback seiner Kolleginnen lernen. Teams müssen die unterschiedlich vorhandenen Kompetenzen identifizieren können, den Arbeitsprozess nachverfolgen, aus Fehlern lernen und agil Anpassungen vornehmen, wenn Projekte nicht in die gewünschte Richtung laufen.

Vielen Teams fällt es vor allem schwer, inmitten einer Fülle von dezentralen Aufgaben und unterschiedlichsten Schnittstellen den Gesamtprozess im Blick zu behalten und dabei auch noch die vielfältigen menschlichen Bewegungen im Team und ihre Effekte miteinzubeziehen. Zudem wird dieser Überblick immer komplex und multidimensional sein, da er ja nicht nur von einer einzigen Führungsperson gehalten wird, sondern sich in einem größeren Team widerspiegelt. Im Überblick kommen auf diese Weise verschiedene Wahrnehmungen einer Realität zusammen und müssen ausgehandelt werden, damit Prioritäten gesetzt und Entscheidungen gefällt werden können.

In diesem multidimensionalen Interpretationsraum fällt es oft schwer, eine gemeinsame Linie zu finden und lösungsorientiert sowie fokussiert zu arbeiten. Dazu kommt, dass mitunter mehr Menschen als die eigentlichen Kompetenzträger in einem Bereich Entscheidungen treffen. Oder aber die kompetentesten Mitarbeiter sich aus anderen Gründen zurückziehen, beispielsweise weil sich im Team immer die Lauten und Extrovertierten durchsetzen. Im anderen Extrem kann sich ein Team in der Komplexität des Manifestationsprozesses verlieren und in den Konsens flüchten. Dann müssen immer alle an allen Entscheidungen beteiligt werden. In solchen Situationen dienen Introspektion und Kommunikation nicht mehr der effektiven Selbstorganisation, sondern werden zum eingangs beschriebenen Selbstzweck. Statt Selbstorganisation entsteht eine Basisdemokratie. Letztere bereitet vielen Mitarbeitern großen Frust, denn die neue Organisationsform, die einst mehr Raum für Potentialentfaltung bieten sollte, führt zu Endlosdiskussionen und Nabelschau. Kraftvolle Entscheidungen und Innovationen bleiben auf der Strecke.

Selbstorganisation lebt von der Fähigkeit, temporäre Hierarchien zu etablieren und sie wieder aufzulösen. Um kompetenzbasierte Strukturen zu schaffen, müssen Teams aber nicht nur wissen, wann welche Kompetenzen benötigt werden und welche Kollegin oder welcher Kollege sie hat. Die Kompetenzträger müssen auch bereit sein, sich einzubringen und temporär Verantwortung zu übernehmen. Ebenso müssen sich diejenigen, die gerade nichts beitragen können, dies eingestehen. Für all das braucht es Selbstverantwortung.

Selbstverantwortung

In Unternehmen mit verteilter Führung müssen Mitarbeiter viel Verantwortung übernehmen. Für das, was sie machen oder nicht machen. Ebenso dafür, wie sie es machen und warum. Das bedeutet auch, dass jede Einzelne sich bewusst machen muss, was sie kann und was nicht und wann die eigenen Fähigkeiten gebraucht werden und diese dann auch zur Verfügung stellen. Ebenso muss jeder Mitarbeiter seine Grenzen kennen. Das kann dazu führen, dass der Einzelne sich aus Dingen raushält, weil er gerade nichts beizutragen hat. Zudem muss jeder wissen, wann es wichtig ist, um Unterstützung zu bitten.

Theoretisch verstehen das die meisten von uns. In der Praxis beobachtet Bettina aber immer wieder, dass Mitarbeiter in selbstorganisierten Teams wesentlich länger brauchen, wirklich selbstverantwortlich zu agieren als innerhalb einer hierarchischen Organisation mit klar abgegrenzten Rollen.

Das ist nicht wirklich überraschend. Denn sobald jemand in einer klassischen Organisation eine Rolle übernimmt, gibt es klare Rollenbeschreibungen, das heißt ausdrückliche Erwartungen, was die Mitarbeiterin können muss und was ihr Handlungsspielraum ist. An diesen Erwartungen können sich Mitarbeiter messen, sie wissen, was sie noch dazulernen müssen, und haben zudem einen Vorgesetzten, der sie mit Feedback, Lob und Kritik dabei begleitet.

Diese fixierten Rollen fallen bei selbstorganisierten Unternehmungen weg. Stattdessen sucht sich jedes Teammitglied im Arbeitsprozess seinen Platz immer wieder neu und handelt ihn mit den Kollegen aus. Da Selbstorganisation davon ausgeht, dass alles sowieso in ständiger Veränderung begriffen ist, findet das Team als solches ebenfalls immer wieder neu heraus, was es gerade braucht. Statt sich an Vorgesetzten zu orientieren, die den eigenen Lern- und Entwicklungsprozess begleiten und dabei auf Potentiale und Defizite aufmerksam machen, suchen Mitarbeiter sich ihre Feedbacks und Mentoren im eigenen Peer-to-Peer-Netzwerk. Auf diese Weise übernehmen sie auch Verantwortung für ihren eigenen Entwicklungsprozess.

Aufgaben und Verantwortlichkeiten werden nicht von einer Führungsperson verteilt, sondern das Team gemeinsam ordnet sie im Rahmen des Manifestationsprozesses zu und beachtet, dass nichts herunterfällt. Dies alles bedeutet mehr Verantwortung für das eigene Arbeitspaket, den eigenen Lernprozess, die vielen Schnittstellen und die ganze Unternehmung.

So viel Verantwortung zu tragen ist anspruchsvoll und ungewöhnlich. Insbesondere deshalb, weil die meisten von uns in unseren Familien, während der Schulzeit, in der Ausbildung und unserer bisherigen Berufstätigkeit gelernt haben, nur partielle Verantwortung zu übernehmen und in Hierarchien zu lernen. Vielen fällt es schwer, für Dinge, die ihnen nicht leicht von der Hand gehen, Verantwortung zu übernehmen und sich dies selbst und den Mitmenschen einzugestehen. Lieber warten wir darauf (oft auch unbewusst), dass jemand anders das Defizit auffüllt, die Fäden in die Hand nimmt und uns unseren Platz zuweist. In Unternehmen mit kollektiver Führung muss jeder Einzelne sich stattdessen selbst klar werden und den Kollegen kommunizieren, was er beitragen kann, wo er Hilfe braucht und wo sein geeigneter Platz im Arbeitsprozess ist.

Selbstverantwortung zu übernehmen ist für solche Teams einfacher, deren Mitglieder gut und selbstbewusst Projekte umsetzen. Manifestationskompetenzen, darunter insbesondere die Fähigkeit, gerne Entscheidungen zu treffen und Aufgaben zu priorisieren, stabilisieren Selbstorganisation. Umsetzungsstarken Teams gelingt es zudem oft besser, den Gesamtüberblick zu behalten, vorausschauend zu handeln und Risiken einzugehen.

Das Wichtigste auf einen Blick

- Gesunde selbstorganisierte Teams halten ein Gleichgewicht zwischen Reflexion auf der einen Seite und Umsetzung auf der anderen.

- Umsetzungsstärke ist eine wichtige Komponente von New Work.

- Statt feste Hierarchien bauen selbstorganisierte Teams sogenannte kompetenzbasierte Hierarchien auf, in denen diejenigen, die in einem Bereich am kompetentesten sind, temporär die Führung übernehmen.

- Prinzip **#6** Selbstorganisation beruht auf der Fähigkeit einer Organisation, die Kompetenzen ihrer Mitglieder klar zu erkennen, um dann auf Basis der Anforderungen der zu erfüllenden Aufgabe eine temporäre Hierarchie aufzubauen.

- Um temporär führen zu können, müssen Mitarbeiter sehr selbstverantwortlich sein.

Praxisfragen

- Wie sieht für Dich ein gutes Gleichgewicht zwischen Reflexion und Umsetzung aus? Woran merkst Du, ob Du im Gleichgewicht bist oder nicht?

- Welche der oben beschriebenen Manifestationskompetenzen fallen Dir leicht und welche schwer?

Die Organisation neu gestalten

Meetings, die früher zäh und ermüdend waren, sind plötzlich kurzweilig und machen Spaß. Jeder trägt dazu bei, es gibt gute Ideen und schnelle Entscheidungen.

Früher wurden Aufgaben vom Teamleiter an Mitarbeiter delegiert. Heute weiß das Team, wer welche Aufgaben am besten übernimmt und dafür Zeit hat.

Führten früher Spannungen im Team zu indirekter Kommunikation und Flurfunk, tauschen sich Mitarbeiter heute zeitnah und ehrlich aus und schrecken auch vor „schwierigen" Gesprächen nicht zurück.

Willkommen im letzten Abschnitt des New Work-Entwicklungsprozesses. Seit dem Zeitpunkt, in dem Bettina angefangen hat, mit einem Team zu arbeiten, sind mittlerweile um die 18 Monate vergangen. Bei anderen Teams und Coaches kann diese Phase aber auch kürzer oder länger dauern. In dieser Zeit haben die Mitarbeiter eine große Bandbreite an Themen bearbeitet.

Lassen wir die einzelnen Lernschritte noch einmal Revue passieren:

1. Mitarbeiter verstehen, dass alles im Leben äußere und innere Dimensionen hat und dass es wichtig ist, diese Dimensionen auch im Arbeitsleben unterscheiden zu können. (AQAL-Modell)
2. Teams haben gemeinsam – auch auf Basis des AQAL-Konzepts – einen guten Überblick in Bezug auf Vision und Sinn der Unternehmung.
3. Teams erkennen, welche Bedürfnisse und Werte hinter ihrem aktuellen Führungs- und Zusammenarbeitsmodell stecken, und sich in den bestehenden Rollen, Strukturen und Prozessen ausdrücken.
4. Jeder Einzelne weiß, wie wichtig (oder unwichtig) Sicherheit für das eigene Wohlbefinden ist.
5. Jeder Einzelne hat erfahren, wie unterschiedlich er sich fühlt und handelt, je nachdem, ob er entspannt, inspiriert, gestresst oder genervt ist. Der Einzelne ist fähig, seine Bedürfnisse zu identifizieren und mit anderen zu teilen.

⑥ Teams wissen, welche Kompetenzen für gute Meetings, Feedback, Lernen und Konfliktmanagement notwendig sind und wie diese Kompetenzen im Team verteilt sind.

⑦ Teams wissen, welche Kompetenzen für eine erfolgreiche Projektumsetzung notwendig sind und wie diese im Team verteilt sind – insbesondere hinsichtlich Entscheidungsfreude (und -fähigkeit) und dem Grad an Verantwortungsübernahme.

⑧ Jeder Mitarbeiter ist dabei, die im Prozess erworbenen Reflexionsfähigkeiten zu vertiefen, und zwar sowohl in Bezug auf sich selbst (Selbstreflektion) als auch auf den Teamprozess (Meta-Reflektion).

Vieles was vorher diffus und unklar war, ist jetzt dem Einzelnen bewusster geworden und kann im Team besprochen werden. Die neue Klarheit führt dazu, dass Mitarbeiter im Gesamtkontext des Unternehmens sicherer und orientierter sind.

Zugleich hat sich im Äußeren noch nicht viel verändert. Zwar wird jede Organisation im Verlauf der vergangenen Monate einzelne Prozesse und Strukturen verändert haben. Das grundsätzliche Führungs- und Zusammenarbeitsmodell ist aber meist noch das alte.

Dies mag auf den ersten Blick überraschen und sogar empören: Ein Organisationsentwicklungsprozess, in dem nach so langer Zeit kein neues Organigramm, keine veränderte Führungsstruktur, keine Umverteilung der Geschäftsanteile erarbeitet worden sind – ist das überhaupt Organisationsentwicklung?

Im Rahmen ihrer Laufbahn hat Bettina unterschiedliche Herangehensweisen erprobt. Ist es besser, zuerst konkrete New Work-Strukturen und -Prozesse in Teams einzuführen und dann zeitlich leicht nachgelagert an Kompetenzen und Haltungen zu arbeiten – oder umgekehrt?

Im **betterplace lab** hatten wir mit den äußeren Veränderungen angefangen und erst danach die inneren Kompetenzen im Team aufgebaut. Wir mussten lernen, dass dieser Weg ziemlich anstrengend ist. Denn nun mussten Teammitglieder auf eine Art und Weise Verantwortung übernehmen, die ihnen teilweise nicht entsprach. Wir hatten eine Organisation auf dem Reißbrett entworfen – zwar nach den Visionen und Neigungen der meisten Teammitglieder, aber ohne wirklich solides Fundament in unseren jeweiligen Kompetenzen. Mit den darauf folgenden Unternehmen machte Bettina die Erfahrung, dass es sinnvoller ist, eine Organisation um ein Team

herum zu bauen, statt umgekehrt ein Team um eine Organisationsform. Wir sind heute der Überzeugung, dass jene Teams stabiler
selbstorganisiert arbeiten, bei denen erst eine vergleichsweise lange Phase der Standortbestimmung, gefolgt von einem gezielten
Kompetenzaufbau, stattfand, bevor die äußeren Strukturen und
Prozesse des Unternehmens verändert wurden.

Wie sich die Organisation bis hier verändert hat

Zugleich lassen sich schon lange bevor neue äußere Veränderungen
beschlossen werden, erstaunliche Veränderungen in Unternehmen
beobachten. Dadurch, dass Teams ein gemeinsames Bild ihrer Zusammenarbeit entwickelt haben, Werte und Ziele klarer geworden
sind und sie vor allem viel klarer und offener miteinander kommunizieren, berichten die meisten Teams, dass sie nicht nur besser
zusammenarbeiten, sondern sich bei der Arbeit auch viel wohler
fühlen.

Konkret hat sich bei vielen Teams schon zu diesem Zeitpunkt Folgendes verbessert: Sie wissen deutlicher als zuvor, welches Ziel und
welchen Sinn die Organisation verfolgt. Diese gemeinsame Orientierung beflügelt die Zusammenarbeit und macht es einfacher, zu
bestimmen, welche nächsten Schritte anstehen und wie man sie
umsetzen möchte. Auf dieser Basis ist es möglich, gemeinsam an
der Strategie der Unternehmung zu arbeiten und allen Mitarbeitern
die Möglichkeit zu geben, sich gestaltend einzubringen.

Die Teammitglieder sind sich ihrer eigenen Führungsweise und
der Formen der aktuellen Zusammenarbeit bewusst. Jeder hat eine
Vorstellung davon, wie er selbst führt und geführt werden möchte.
Jeder kennt seine Motivation, seine Bedürfnisse, sein Potential und
die eigenen Grenzen besser. Mitarbeiter wissen, was ihnen Sicherheit gibt, wo ihnen Freiraum und Autonomie wichtig sind und wie
sie diese beiden Bedürfnisse in ein Gleichgewicht bringen können.

Vor diesem Hintergrund kann die Einzelne realistisch einschätzen,
welche Beiträge für das Gelingen der Unternehmung wichtig sind
und welche sie selbst leisten kann. Die Kommunikationskultur ist
viel reifer geworden und die neu gewonnene Klarheit und Refle-
xionsfähigkeit erleichtern die Zusammenarbeit enorm. Die meisten

Teams haben zu diesem Zeitpunkt ihre Meetings und Feedbacks nachhaltig verbessert. Das Gleiche trifft auch auf die Konfliktfähigkeit zu: Stoßen unterschiedliche Meinungen aufeinander, können Teammitglieder viel schneller verstehen, woher die Unterschiede kommen – zum Beispiel weil unterschiedliche Bedürfnisse oder Werte dahinterstehen. Konflikte können so konstruktiver verhandelt werden.

In Meetings beschränkt sich der Austausch nicht mehr nur auf sachliche, fachliche Fragen, sondern Teammitglieder stehen sich als ganze Menschen gegenüber. Dazu tragen beispielsweise Check-in- und Check-out-Runden bei, in denen alle relevanten Informationen ausgetauscht werden können. Meetings sind klarer strukturiert und Teilnehmer übernehmen wichtige Rollen, zum Beispiel die des Moderators, der Zeitmanagerin oder der „Energiewächterin" [→ Kapitel 6]. Letztere begleitet das Meeting auf der Metaebene und interveniert, sobald das Meeting zäh wird, einzelne den Austausch beherrschen oder vorhandene Spannungen im Raum übergangen werden. Das Team überlegt dann gemeinsam, wie es wieder zu einem kreativen und lebendigen Meeting zurückfindet.

Rückmeldungen zur Arbeit oder zur Beziehung zwischen Kollegen werden zeitnaher und konstruktiv gegeben. Sollte es vorher keine regelmäßigen Feedbackrunden gegeben haben, finden diese jetzt sowohl zwischen den Hierarchieebenen als auch innerhalb dieser statt. Der Feedback-Leitfaden wird angepasst, sodass neben fachlichen Aspekten auch Beobachtungen aus allen vier Quadranten einfließen können. Diese Rückmeldungen sind kein Selbstzweck: Sie dienen dem Team dazu, einen guten Überblick über die Kompetenzen, Potenziale und Grenzen der Mitglieder zu behalten. Sie ermöglichen, sich differenziert über Bedürfnisse, Qualitätsstandards und Visionen auszutauschen. So verstanden ist Feedback kein einmaliges Ritual, sondern selbstverständlicher Bestandteil einer offenen Kommunikationskultur.

Für Außenstehende ist es immer wieder verblüffend, zu sehen, wie viele unklare Zuständigkeiten und Arbeitsabläufe in Unternehmen vorhanden sind. Indem Teams sich genau verorten und Rollen und Prozesse klären und präzisieren, ergibt sich sowohl für die Unternehmensleitung als auch für alle Mitarbeiter ein neues, umfassendes Bild; ein gemeinsames Verständnis davon, welche Aufgaben erfüllt werden müssen, wie Macht verteilt ist, wie Delegation erfolgt und wie Rollen und Verantwortlichkeiten gefüllt sind.

Die nächsten Schritte

Auf dieser Basis kann die Unternehmung neu gestaltet werden. Bislang stand das Team an sich im Fokus der Arbeit. Um angemessene neue Führungs- und Arbeitsstrukturen zu erarbeiten, müssen Teams aber noch zwei weitere Aspekte ihrer Arbeit miteinbeziehen.

- Welches sind unsere Rahmenbedingungen? Wie sieht unsere markt- wirtschaftliche, rechtliche und finanzielle Realität aus?
- Was ist unser Produkt bzw. Projekt? Was wollen wir umsetzen und erreichen?

Diese drei Komponenten – Team, Rahmenbedingungen, Produkt bzw. Projekt – müssen in der nun folgenden Phase aufeinander abgestimmt werden und sind die Basis neuer Rollen, Strukturen und Prozesse. [→ S. 107]

Rahmenbedingungen und Produkt: Anforderungen klären

Neue Strukturen können nicht im luftleeren Raum entwickelt werden, sondern müssen die wirtschaftlich-rechtlichen Rahmenbedingungen der jeweiligen Unternehmung miteinbeziehen. Wenn alle Mitarbeiter in den Organisationsentwicklungsprozess einbezogen werden sollen, brauchen sie auch einen ausreichenden Überblick zur betriebswirtschaftlichen Realität des Unternehmens. Wie sieht das Marktumfeld, zum Beispiel Gesetze, Verordnungen oder technische Vorgaben, aus? Welche arbeits- oder steuerrechtlichen Faktoren gilt es zu beachten? Wie sehen die bisherigen Prozesse im Bereich Projektmanagement, Buchhaltung, Budgetplanung oder Personalwesen aus?

Da Selbstorganisation ohne den Blick für das „größere Ganze" der Unternehmung unmöglich ist, müssen Mitgestalter eine gemeinsame mentale Landkarte der notwendigen Prozesse und Anforderungen haben. Und zwar unabhängig davon, welche Rollen und Personen die einzelnen Aufgaben später einmal abdecken werden. Denn die Rollenverteilung, also die Aufteilung von Zuständigkeit und Verantwortung in der Prozesslandschaft, sollen die Teams ja gemeinsam neu gestalten.

Das Organisationsmodell im Zusammenwirken von Team, Produkt und Marktumfeld

Keks Ackerman CC BY-NC

Produkt
Fachkompetenzen
Produktionsprozesse
Qualitätskontrolle

Team
Leitwerte
Kompetenzen
Bedürfnisse

Marktumfeld
Wirtschaftliche und
Rechtliche Rahmenbedingungen
Wettbewerb

Neben den betriebswirtschaftlichen Rahmenbedingungen beschäftigen Teams sich jetzt auch damit, welche Anforderungen sich aus dem Produkt oder Projekt als solches ergeben. Aus der Vision und Mission einer Unternehmung ergeben sich bestimmte Qualitäten, die sich im Organisationsprozess widerspiegeln sollten. So wirkt sich der Anspruch des **betterplace lab**, frühzeitig digitale Trends zu entdecken und anderen als Orientierung anzubieten, sowohl darauf aus, wer im Team arbeitet, als auch wie diese Arbeit organisiert ist. Es braucht Freiraum für locker strukturiertes Scannen des Horizonts, Zulassen von Intuition und Neugier, aber auch klare Prozesse, um hohe Produktqualität zu sichern. In anderen Branchen erfordern standardisierte industrielle Produkte wiederum ganz andere Mitarbeiter-Qualitäten und Formen der Führung und Zusammenarbeit. Prozesse können viel stabiler und formeller sein, da der Herstellungsprozess repetitiv ist.

Team: Leitwerte definieren

In einem zweiten, von den Rahmenbedingungen unabhängigen Schritt erarbeitet Bettina mit dem Team die wichtigsten Leitwerte für Führung und Zusammenarbeit. Organisationen unterscheiden sich in der Anzahl der zu definierenden Leitwerte. So hat das Team von **Ashoka Deutschland** zehn Werte identifiziert. Andere fokussieren sich auf weniger. Unabhängig davon, wie viele Leitwerte es sind, ist es wichtig, sich ausreichend Zeit zu nehmen, um die Werte klar und umfassend zu erarbeiten. Denn einzelne Begriffe können sehr unterschiedliche Bedeutungen haben. So kann „Verantwortung" zum einen bedeuten „Verantwortung, die gemeinsam getroffenen Absprachen exakt umzusetzen" oder aber „Verantwortung für die gemeinsam abgestimmte Ergebnisqualität zu übernehmen, die Umsetzung aber selbst bestimmen zu können". Beide Definitionen würden zu sehr unterschiedlichen Formen der Zusammenarbeit führen.

Im Rahmen eines mehrstufigen Prozesses [→ Übungen, S. 135] einigen Teams sich auf ihre maßgeblichen Werte. Hier geht es nicht mehr darum, den aktuellen Zustand zu beschreiben, sondern Leitplanken für die gemeinsame Zukunft zu bestimmen.

Für diese Diskussion ist es wichtig, sich zu vergegenwärtigen, welche Balance das Team zwischen den Polen „Sicherheit/Stabilität" und „Freiraum/Wandel" halten will und realistisch halten kann. Denn das Verhältnis zwischen diesen Polen bestimmt maßgeblich die neuen Strukturen und Prozesse, insbesondere inwiefern sie vorab geregelt sein sollten oder situativ entstehen können.

An dieser Stelle kann eine Übung aus der systemischen Praxis, das Aufstellen im Raum, hilfreich sein. Hierfür fragt Bettina Mitarbeiter: „Welche Balance zwischen Sicherheit und Freiraum ist für Dich im Unternehmen stimmig?" Wenn Mitarbeiter sich nun entlang dieser Pole im Raum aufstellen, wird für alle Teammitglieder eindrücklich sichtbar, wer sich wo verortet und ob der Schwerpunkt der Organisation eher bei Sicherheit liegt oder zur Freiheit tendiert. Im Anschluss bittet Bettina die Teammitglieder, zu beschreiben, welche Werte das Team befähigen, so zusammen zu arbeiten, dass die angestrebte Balance zwischen Sicherheit und Freiraum respektiert wird und zugleich die Unternehmung ihren Arbeitsauftrag in den bestehenden Rahmenbedingungen erfüllen kann.

Das AQAL-Modell am Beispiel eines Sozialunternehmens
Keks Ackerman CC BY-NC

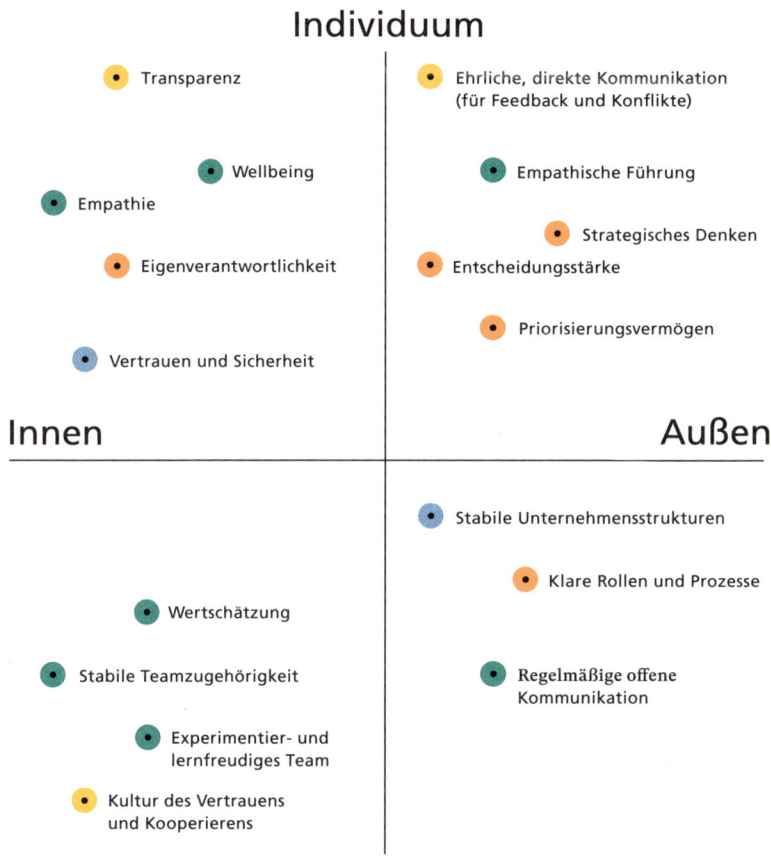

Individuum

Transparenz

Ehrliche, direkte Kommunikation
(für Feedback und Konflikte)

Wellbeing

Empathische Führung

Empathie

Strategisches Denken

Eigenverantwortlichkeit

Entscheidungsstärke

Priorisierungsvermögen

Vertrauen und Sicherheit

Innen

Außen

Stabile Unternehmensstrukturen

Klare Rollen und Prozesse

Wertschätzung

Stabile Teamzugehörigkeit

Regelmäßige offene
Kommunikation

Experimentier- und
lernfreudiges Team

Kultur des Vertrauens
und Kooperierens

Kollektiv

In diesem Schritt geht es darum, herauszufinden, welcher Grad an Hierarchie und Selbstorganisation zu der Unternehmung wirklich passt. Während Teammitglieder einzelne Werte definieren, zeichnet sich oft schon ab, in welche Richtung sich die neue Struktur im Schwerpunkt bewegt. Definiert ein Team beispielsweise den Leitwert „unternehmerisches Denken" als „die Fähigkeit, in meinem Zuständigkeitsbereich unternehmerisch zu handeln und in Abstimmung Entscheidung zu treffen", weist dies darauf hin, dass es eine Rolle geben muss, die den Gesamtüberblick über die verschiedenen Bereiche hält. „Unternehmerisches Denken" anders verstanden, nämlich „jeder ist sein eigener Boss und handelt im Sinne des gesamten Unternehmens", deutet darauf hin, dass der Überblick von allen gemeinsam getragen werden sollte. Einen exemplarischen Überblick, wie Leitwerte und Qualitäten auf dem AQAL-Modell verortet werden können, findet Ihr am Beispiel eines Sozialunternehmens [→ S. 105]

Team: Kompetenzen definieren

Nachdem Werte definiert sind, gilt es als Nächstes, die dazu passenden Kompetenzen abzuleiten und genauer zu bestimmen. Teams arbeiten heraus, was sie können müssen, um ihre Werte gemeinsam zu leben. Wenn sie beispielsweise „Transparenz" als Leitwert angegeben haben und dies als „gemeinsam gelebte Ehrlichkeit und offener Austausch" definiert wurde, müssen sie in der Lage sein, gutes Feedback zu geben und zu nehmen. In diesem Schritt können Teams und Organisationsentwicklerin dann gemeinsam überprüfen, was das Team bereits leisten kann und wie es sich weiterentwickeln könnte.

Kommt ein Team zu dem Schluss, dass sie den Leitwert „Transparenz" so verstehen, dass alle Informationen für Mitarbeiter offen zugänglich sind, bedeutet dies auch, dass Mitarbeiter in der Lage sein sollten, die Informationen ausreichend zu verstehen. Ansonsten führt die Offenlegung leicht zu Spannungen und Gerüchten.

Können Mitarbeiter beispielsweise eine Liquiditätslücke in der aktuellen Planung einsehen, sollten sie in der Lage sein, diese angemessen zu interpretieren. Ein unerfahrener Mitarbeiter mag bei dem Anblick in Panik verfallen und seinen Job gefährdet sehen, während eine besser informierte Kollegin weiß, dass um diese Jahreszeit die Liquidität immer knapp ist, sich meist aber wieder entspannt. Je mehr Informationen geteilt werden, desto mehr müssen Mitarbeiter in der Lage sein, mit Unsicherheit umzugehen. Sie müssen lernen, ihre Angst aufzufangen und Wissenslücken zeitnah zu schließen. Geschieht dies nicht, verbreiten sich nur allzu schnell Gerüchte und Vorwürfe. Man sucht Schuldige, die für Fehler verantwortlich gemacht werden können, statt gemeinsam an Lösungen zu arbeiten.

Gerade in Teams, in denen einzelne Mitarbeiter große Entscheidungsspielräume haben, benötigen diese ausreichend Überblick über die jeweils relevanten Arbeitsbereiche. Ständig müssen sie sich fragen, ob sie genügend Informationen auf dem Schirm haben, um gute Entscheidungen zu fällen. Und selbst wenn dies der Fall ist, werden sie Spannungen und Konflikte aushalten müssen und die Konsequenzen von Schieflagen und Fehlern tragen.

Wir unterscheiden einerseits zwischen vollständig selbstorganisierten Unternehmen wie dem **betterplace lab** und **Ashoka Deutschland** und andererseits zwischen Unternehmen, die Selbstorganisation innerhalb eines regelbasierten Rahmens praktizieren. Das holländische Pflegeunternehmen **Buurtzorg** ist ein Paradebeispiel für letztere Variante. Bei **Buurtzorg** reicht es, wenn Mitarbeiter die Regeln und den Spielraum innerhalb ihres Tätigkeitsbereichs kennen und wissen, wen sie bei Problemen und Fragen heranziehen können. In einem rein selbstorganisierten Team wiederum ist es dagegen ein dynamischer Prozess, in dessen Verlauf immer wieder neu festgelegt wird, wer für was verantwortlich ist und wer welche Fragen am besten beantworten kann.

Neue Strukturen und Prozesse

Erst nachdem Leitwerte und Kompetenzen bearbeitet sind, gehen wir dazu über, neue Prozesse und Strukturen zu bestimmen. Hier müssen Teams zwei zentrale Fragen beantworten:

(1) Welche Prozesse brauchen wir, um unsere Werte zu leben und das Potential unserer Mitarbeiter optimal zu entfalten?

(2) Wie müssen wir die aktuellen Prozesse neu gestalten, damit wir unseren Arbeitsauftrag im Rahmen unseres Potentials und der betriebswirtschaftlichen Realität erfüllen?

An dieser Stelle erarbeiten Teams jeweils eine Übersicht der aktuellen Prozesse und Anforderungen, die sich aus den Rahmenbedingungen und dem Produkt ergeben, sowie eine zweite Übersicht, die die neuen Leitwerte reflektiert. Im Anschluss werden diese miteinander verglichen. Teams identifizieren die Prozesse, die identisch, sich ergänzend und widersprüchlich sind. Identische Prozesse werden übernommen. Bei komplementären Prozessen wird die Schnittstelle sauber definiert. Bei widersprüchlichen Prozessen muss geprüft werden, ob sie sich sinnvoll verzahnen lassen oder es besser ist, einen der Prozesse zu streichen.

Zum Abschluss werden die Gesamtliste der relevanten Prozesse übersichtlich aufgezeichnet und überprüft sowie die notwendigen Rollen definiert: Kann das Team damit sinnvoll arbeiten und seine Ziele erreichen? Sind die Leitwerte adäquat umgesetzt? Befähigen die Prozesse das Team, sein unternehmerisches Ziel zu erfüllen? Sind die wichtigsten übergreifenden Prozesse – Entscheidungsfindung, Prioritätensetzung, Feedbackprozess, Konflikt- und Qualitätsmanagement – klar definiert?

Beim **betterplace lab** sind Transparenz, Ehrlichkeit und „Jeder ist Chef" zentrale Werte. Da sie die Unternehmung gemeinsam steuern wollten, benötigten alle Teammitglieder nicht nur einen guten Überblick über die wichtigsten operativen und strategischen Bereiche wie Budgeterstellung, Kapazitätsplanung, Strategie und Qualitätsmanagement. Sie mussten auch gewährleisten, dass die Arbeiten in diesen Feldern gut koordiniert wurden. Nun besteht in einem dezentral arbeitenden Team immer die Gefahr der Silobildung und Fragmentierung. Der Gesamtüberblick droht verloren zu gehen. Um dem entgegenzusteuern, erfand das **betterplace lab** eine prozessuale Lösung in Form der oben schon öfters erwähnten „Überblickerrollen".

Überblicker verantworten ein Querschnittsthema. Sie stellen sicher, dass dieses Thema bei allen Teammitgliedern ausreichend beachtet wird. Sie halten den Gesamtüberblick auf sachlicher, faktischer Ebene, indem sie das Team auf das Thema hinweisen, Konflikte ansprechen und Entscheidungen vorantreiben. Sie sind NICHT für die Umsetzung verantwortlich oder dafür, dass jede einzelne Mitarbeiterin ihren Teil beiträgt. Diese Verantwortung liegt bei jedem Einzelnen. Der Überblicker hält wirklich nur den Überblick.

Leitfragen und Prinzipien für ein neues Führungs- und Zusammenarbeitsmodell

Wie schon erwähnt, geht es in diesem Handbuch nicht darum, eine vorgefertigte Blaupause für New Work und Selbstorganisation anzubieten. Stattdessen beschreiben wir einen Prozess, der es jeder Unternehmung ermöglicht, für sich selbst herauszufinden, welche Formen der Zusammenarbeit zu ihr passen. Anstelle des einen optimalen Organisationstypus sehen wir ein Kontinuum zwischen zwei Polen – zwischen streng hierarchischen Formen auf der einen Seite und vollständig selbstorganisierten auf der andern. In diesem Sinne möchten wir eine Reihe von Prinzipien und Leitfragen präsentieren, die Teams den Weg in die Neuorganisation erleichtern können.

Eine sehr grundsätzliche Frage ist die nach der Gesamtverantwortung: **Wer trägt die Gesamtverantwortung für eine Organisation und wie können wir sicherstellen, dass der Gesamtüberblick gewahrt wird?**

Einige New Work-Unternehmungen kommen ohne feste Hierarchien aus. Stattdessen bilden sich Teams immer wieder neu und entscheiden kompetenzbasiert, wer in welchen Themen die Führung übernimmt. Teams behalten den Überblick über das Gesamtgeschehen, indem sie kompetent und selbstverantwortlich miteinander kommunizieren. Jede Mitarbeiterin fühlt sich nicht nur für ihre speziellen Aufgaben verantwortlich. Sie kümmert sich auch um das Wohlergehen des Gesamtunternehmens und ist ausreichend befähigt, um dazu konstruktiv beizutragen – zum Beispiel durch ein angemessenes Verständnis betriebswirtschaftlicher Zusammenhänge.

Dies bedeutet nicht, dass jeder alles wissen und können muss. Es reicht, wenn jede Mitarbeiterin wirklich ihre Verantwortung annimmt. Sobald einzelne Kollegen diese jedoch nicht wahrnehmen, gerät die Unternehmung leicht in Schieflage. Wenn Mitarbeiter mit größerem Verantwortungshorizont vergleichsweise mehr leisten müssen, ohne dass dies im Team transparent anerkannt wird, kann es sie überfordern oder frustrieren.

Eine etwas formalisiertere Führungsform sehen die weiter oben beschriebenen Überblickerrollen vor. Einzelne Teammitglieder sind für bestimmte Themengebiete (Finanzen, Team-Wellbeing, Kommunikation etc.) zuständig. Dabei tragen sie selbst keine direkte Verantwortung für diese Themen, sondern stellen nur sicher, dass im Team die geteilte Verantwortung getragen wird. Das heißt, sie rücken „ihr" Thema immer wieder bei den anderen Kollegen ins Blickfeld und koordinieren dessen Bearbeitung.

Für diese Form hat sich das **betterplace lab** entschieden. So gibt es unter anderem eine Teamüberblickerin, eine Finanzüberblickerin und einen Öffentlichkeitsüberblicker. Da manche dieser Rollen sich als sehr arbeitsintensiv erwiesen haben, ist das Team dazu übergegangen, einige von ihnen in Kreise zu überführen, bei denen mehrere Teammitglieder für einen Themenbereich verantwortlich sind.

Eine weitere Abstufung besteht darin, weiterhin einen Geschäftsführer, leitenden Manager oder ein Leitungsteam zu beschäftigen. Diese halten den Gesamtüberblick und sprechen mit einzelnen Mitarbeitern oder Teams deren Verantwortlichkeiten innerhalb vordefinierter Leitplanken ab. Innerhalb dieses Rahmens agieren Teams dann selbstverantwortlich und selbstorganisiert ohne weitere Einmischung des Leitungsteams.

Das bekannteste Beispiel dafür ist sicherlich **Buurtzorg** aus den Niederlanden: **Buurtzorg** ist ein selbstorganisiertes Unternehmen für häusliche Pflege und beschäftigt über 10.000 Pflegekräfte in mehreren Ländern.

Die Organisation besteht aus sehr vielen kleinen Teams mit je einem Dutzend Mitarbeiter. Sobald ein Team vollständig ist und neue Pflegekräfte dazustoßen, wird ein neues Team gegründet. Die Teams agieren selbstorganisiert innerhalb bestimmter Leitplanken und werden dabei von Coaches unterstützt. Coaches bilden die Mitarbeiter in gewaltfreier Kommunikation aus und stehen für lösungsorientierte Entscheidungsprozesse zur Verfügung. Ein kleines Managementteam (bestehend aus ca. 40 Personen) koordiniert die Teams und hält den Gesamtüberblick. Mit diesem Organisationsmodell gelingt es **Buurtzorg** nicht nur, seine Patienten so gut zu betreuen wie kein anderes Pflegeunternehmen, sondern auch ein höchst beliebter Arbeitgeber zu sein und dem holländischen Gesundheitssystem viel Geld zu sparen (Buurtzorg, 2018).

Die beschriebenen Abstufungen entsprechen unterschiedlichen Bedürfnissen und Leitwerten von Teams. Sie sind drei charakteristische Varianten unter unendlich vielen möglichen Organisationsformen auf der Skala zwischen ausgeprägter direktiver Hierarchie und völliger Selbstorganisation.

Um die Unterschiede zwischen fünf prominenten Organisationsformen zu verdeutlichen, haben wir diese hier entlang verschiedener Kriterien aufgeschlüsselt. In diesem Buch haben wir uns insbesondere mit den selbstorganisierten Formen (im Kontrast zur klassischen Hierarchie) beschäftigt. Agile Methoden und Holokratie sind weitere Abstufungen auf dem Kontinuum zwischen klassischer Hierarchie und Selbstorganisation, auf die wir im Detail jedoch nicht eingehen (Bockelbrink 2015).

	Traditionelles Management	Agile Methoden	Holokratie	Frameworkbasierte Selbstorganisation	Selbstorganisation mit Überblicksfunktionen
Organisations-struktur	Funktionale Hierarchie	Crossfunktionale Teams	Hierarchie der Kreise	Selbstorganisierte Teams innerhalb eines abgestimmten Rahmens	Selbstorganisation mit Überblickfunktionen
Leitwerte	Effizienz, Effektivität, Businesswerte	Kundenorientierung, Flexibilität, Co-Kreativität	Spannung als Triebkraft	Potentialentfaltung, Ganzheitlichkeit	Potentialentfaltung, Unternehmerische Werte, Ganzheitlichkeit
Fokus	Kontrolle, Ausrichtung, Funktionalität	Entwicklungsprozesse, Vision, Veränderung als Triebkraft	Regeln, Autonomie in Rollen	Kompetenzbasiert auf Teamebene, Ziele/ Purpose	Kompetenzbasiert im Gesamtunternehmen, Ziele/ Purpose
Führungs-form	Top-Down	Domains: Produkt, Prozesse und Entwicklung	Verteilt	Verteilt	Verteilt
Prozesse	Linear, Wasserfallprinzip	Iterativ, Flow	Emergent, Adaptiv	Emergent, Adaptiv	Emergent, Adaptiv
Rollenver-ständnis	Führungskräfte, Teams	Kollegiale Teams	Rollen	Managementteam für den Gesamtüberblick, Coach als Unterstützung Team	Überblickerrollen, Team
Sicherheit wird hergestellt über …	Strukturen, Prozesse	Strukturen, Prozesse	Regeln, Prozess	Zielausrichtung, Beziehungsqualität	Zielausrichtung, Beziehungsqualität
Unternehmens-beispiel	Audi, Porsche etc.	3M, Google, IBM, Spotify	Zappos	Buurtzorg	betterplace lab, Ashoka Deutschland

Die verschiedenen Abstufungen folgen Prinzip **#2**: „Wenn wir die äußere Struktur abbauen, müssen wir die innere Struktur aufbauen". [→ S. 23]

Hinter jedem der aufgelisteten Zusammenarbeitsmodelle stecken spezielle Werte und Kompetenzen. Da unser Ansatz aber weniger daraus besteht, eine bestimmte Organisationsform zu etablieren, sondern dass jedes Team sein eigenes Modell erarbeitet, erscheint es uns sinnvoll, mit einer Reihe von Leitfragen zu schließen. Diese sollen Euch dabei helfen, ein für Euch passendes (New) Work-Modell mit dem passenden Grad an Selbstorganisation zu erarbeiten.

Wie legen wir Verantwortungsbereiche fest, setzen sie um und verstetigen sie?

Die Art und Weise, wie Verantwortungsbereiche festgelegt und gemanagt werden, ist abhängig davon, wo die Gesamtverantwortung liegt. In jedem Fall stellt sich die Frage nach Kontrolle und Konsequenzen. Wer kontrolliert wen und was geschieht, wenn verabredete Leistungen nicht erbracht werden? Eine Unternehmung, die sich für ein Leitungsteam entschieden hat, erteilt diesem damit gleichzeitig das Mandat, Arbeitsprozesse zu kontrollieren und im Falle der Nichteinhaltung Konsequenzen zu ziehen. Bei der Variante „Jeder ist Chef" wird dieser Prozess komplexer, weil es keine feste Hierarchie gibt, innerhalb derer Aufgaben verteilt und nachgefasst werden. Stattdessen entscheiden Teams situativ und kompetenzbasiert, wer wann was kontrolliert und welche Auswirkungen es hat, wenn eine Kollegin ihren Aufgaben nicht ausreichend nachkommt.

Diese geteilte Verantwortung ist nicht einfach. Wir erleben immer wieder, dass Teams oft unbewusst versuchen, eine solch weitreichende Verantwortungsübernahme zu ignorieren. Das heißt, sie blenden kritische Aspekte der Zusammenarbeit aus und konzentrieren sich stattdessen lieber auf die eigenen Aufgaben und Stärken. In diesen Situationen gibt es zwei Ausweichmanöver: Entweder übernimmt doch ein Teammitglied die Gesamtverantwortung, ohne dass dies im Team bewusst wahrgenommen wird. Diese Variante führt dann leicht dazu, dass der „verdeckte Chef" unzufrieden wird oder ausbrennt. Oder die Unternehmung droht, in einzelne Projekte zu zerfallen, und es bedarf immer wieder eines neuen Anlaufs, sich konsequent abzustimmen und klar zu kommunizieren, wer für die Themen zuständig ist, die in keinen eindeutigen Aufgabenbereich fallen.

Organisationsmodelle und ihre Balance zwischen innen und außen

Keks Ackerman CC BY-NC

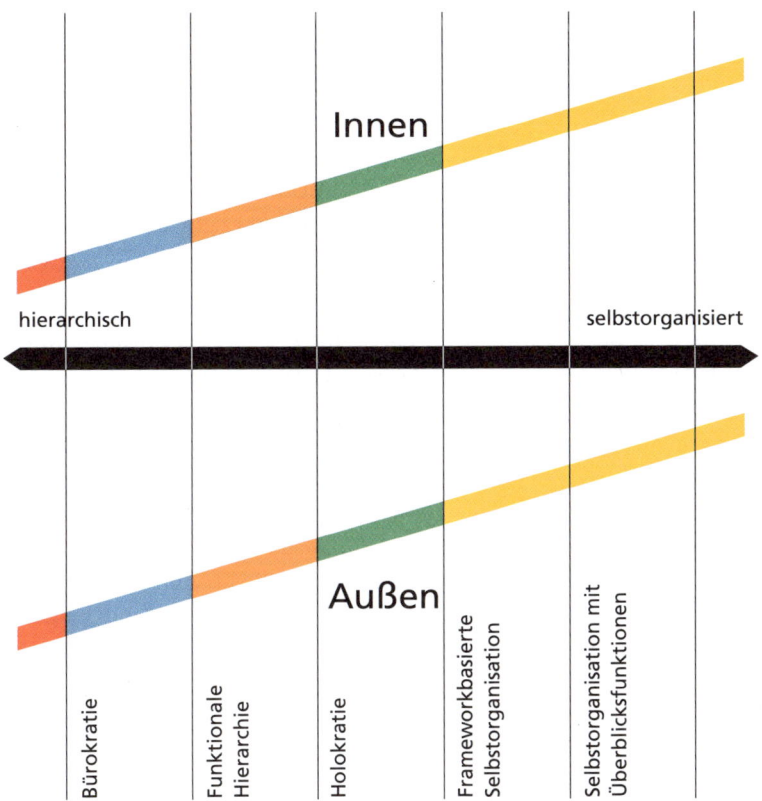

Wie treffen wir Entscheidungen?

Teams müssen sich zwischen verschiedenen Möglichkeiten der Entscheidungsfindung entscheiden:

Sie können rollenbasiert vorgehen, das heißt in den Rollenprofilen einzelner Mitarbeiter festlegen, welche Entscheidungsbefugnisse mit der Rolle einhergehen. Die Mitarbeiter haben somit ein Mandat für bestimmte Entscheidungen.

Teams können konsensorientiert arbeiten und alle Mitglieder an Entscheidungen beteiligen, wobei davon ausgegangen wird, dass jedes Teammitglied weitgehend gleichberechtigt ist. Unternehmungen, die sich für dieses Vorgehen entscheiden, verfolgen Gleichheit, Gerechtigkeit, Inklusion und Vertrauen als zentrale Werte. An dieser Stelle möchten wir darauf verweisen, dass ein Wert wie Vertrauen natürlich in fast allen Organisationsformen gilt. Die Art und Weise, wie Vertrauen verstanden und gelebt wird, unterscheidet sich jedoch stark. In bürokratischen Organisationen entsteht Vertrauen dadurch, dass alle Mitarbeiter sich auf die gleichen Regeln verlassen können. In selbstorganisierten Unternehmungen wird Vertrauen hergestellt, indem Informationen transparent miteinander geteilt werden und offen miteinander kommuniziert wird. Unterschiedliche Unternehmungen können sich die gleichen Werte auf die Fahnen schreiben, diese aber sehr unterschiedlich umsetzen.

Zurück zum Entscheidungsprozess. Für New Work charakteristisch ist eine dritte Form: die kompetenzbasierte Entscheidungsfindung. Dazu passt der „beratende Entscheidungsprozess", bei dem jede Mitarbeiterin in ihrem Bereich Beschlüsse fassen kann. Sie ist jedoch verpflichtet, vor der Entscheidung die relevanten Beteiligten und Fachexperten in der Organisation zu konsultieren. Erst nach diesen Beratungen darf die Mitarbeiterin frei und selbstständig entscheiden. Werte, die hinter diesem Ansatz liegen, sind Vertrauen, Transparenz, kompetenzbasierte Zusammenarbeit und Verantwortung. In diesem Verfahren drückt sich die Überzeugung aus, dass die mit einer Aufgabe betraute Person auch die besten Entscheidungen treffen kann und es schlechter wäre, diese einer übergeordneten Instanz, der die Zeit für eine tiefere Einarbeitung in die Materie fehlt, zu überlassen.

Kompetenzbasierte Zusammenarbeit und konsensorientiertes Entscheiden passen nicht gut zusammen, denn sie basieren auf unterschiedlichen Annahmen: Im konsensorientierten Team gelten alle Teammitglieder als gleichberechtigt, während im kompetenzbasierten Team Mitarbeiter je nach Kompetenzen unterschiedliche Stimmen und Gewichte haben. Wenn wir die beiden Prinzipien vermischen, führen wir die Kompetenzbasierung an einem zentralen Punkt der Organisationsstruktur ad absurdum.

Wie entwickeln wir eine Strategie?

In **Reinventing Organizations** beschreibt Laloux eine neue Form der Strategieplanung, die er „evolutionäre Bestimmung" (engl. **Evolutionary Purpose**) nennt und die wir als Weiterentwicklung der strategischen Unternehmensplanung verstehen. Wie der Begriff schon andeutet, handelt es sich bei der evolutionären Bestimmung nicht um einen rein kognitiv gesteuerten Strategieprozess, sondern um ein ganzheitliches, intuitives Verfahren, welches mit Otto Scharmers **Theory U** (Scharmer, 2014) verglichen werden kann. Beide gehen davon aus, dass es Wahrnehmungsräume gibt, in denen neue Informationen und Ideen auftauchen können. Durch kontemplative Techniken, geleitete Visualisierungen oder Meditationen können Teams in diese Wahrnehmungsräume eintreten und sich auf ihre Unternehmung einstimmen. Indem sie sich mit allen Sinnen auf die Unternehmung einlassen, kann es passieren, dass sie intuitiv neue Muster, Bewegungen, Ideen wahrnehmen und erspüren, die interessante Wege für die Unternehmung aufzeichnen.

Dies klingt mysteriöser, als es ist. Viele Innovatoren sprechen davon, dass gerade in Phasen unstrukturierten Denkens, fast aus dem Nichts heraus, neue Erkenntnisse vor ihrer inneren Leinwand auftauchen. Sie „spüren" oder „wissen" intuitiv, welche Richtung sie einschlagen möchten, welche neuen Projekte oder Produkte sinnvoll sein könnten oder wie eine Herausforderung gemeistert werden kann. Gerade für komplexe Zusammenhänge – und die meisten Strategieplanungen finden in komplexen Kontexten statt – scheint sich diese Form der Strategieentwicklung zu bewähren. Statt die Zukunft aus Einzelelementen der Vergangenheit neu zu kombinieren, steuert der moderne Stratege komplexe Systeme und verwendet eine Mischung aus Verstand und Intuition, um neue Richtungen zu erkennen.

Experimentieren alle Teammitglieder damit, ein Gefühl für die evolutionäre Bestimmung ihrer Organisation zu bekommen, kann sich ein tiefes gemeinsames Verständnis und Sinnerleben entwickeln, wo die Reise hingeht. In unserer Erfahrung gibt es immer einzelne Mitarbeiter, denen ein derartig intuitiver Zugang leichter fällt als anderen. Wenn die Vision stimmig ist, können sich jedoch auch größere Teams damit identifizieren und in ihren Arbeitsbereichen daran orientieren.

Ein Beispiel aus dem **betterplace lab:** Während des jährlichen einwöchigen Team-Retreats in Frankreich experimentierten Mitarbeiter damit, die strategische Ausrichtung des nächsten Jahres intuitiv herauszufinden. Dazu diskutierten sie nicht nur in Dreiergruppen, den sogenannten Triaden (ausführlich dazu im Übungsteil → S. 133), sondern nahmen an geleiteten Meditationen teil. Manche gestanden, dass sie sich von der Aufgabe überfordert fühlten und statt Intuition nur Druck verspürten. Bei anderen tauchten dagegen Bilder auf. Sie sahen, dass der nächste Schritt fürs **betterplace lab** darin bestand, sich stärker auf der Ebene des digital-sozialen Ökosystems zu engagieren. Statt selber einzelne Projekte durchzuführen und allgemeine Trendforschung zu betreiben, bräuchte der wachsende digital-soziale Sektor einen erfahrenen Akteur, der bewusst Synergien zwischen den vielen einzelnen, durchweg jüngeren Organisationen schaffe und den Sektor insgesamt ermächtigte, stärker und wirksamer zu werden. Einmal ausgesprochen, leuchtete diese Vision auch den Teammitgliedern ein, die die Übungen schwierig gefunden hatten. Auf diese Weise entstand eine neue strategische Ausrichtung, entlang deren eigene Projekte entwickelt und Anfragen von außen gefiltert werden konnten.

Um die evolutionäre Bestimmung zu finden, gibt es keine feste Methode, die zu verlässlichen Ergebnissen führt. Stattdessen soll unser Beispiel als Einladung verstanden werden, mit diesen neuen Wahrnehmungsräumen und Informationsfeldern zu experimentieren. Eine einfache Möglichkeit, die eigene Intuition zu stärken, besteht darin, sich immer wieder zu beobachten und zu versuchen, herauszufinden, wie sich Intuition von Gefühlen unterscheidet. Wie reagiert der Körper, wenn man einer intuitiven Eingebung folgt? Ist da beispielsweise ein Prickeln oder ein Gefühl von Flow? Andererseits, wie fühlt es sich an, wenn man der Intuition nicht folgt – spanne ich mich an oder hinterlässt die Situation bei mir einen schlechten Nachgeschmack? Teams wiederum können erforschen, was ihnen bei ihrer Zusammenarbeit wirklich Freude macht und ihnen Energie gibt.

Wie kontrollieren wir die Qualität unserer Arbeit?

In selbstorganisierten Teams wird die Qualität der Arbeit nicht mehr automatisch von vordefinierten Personen kontrolliert. Stattdessen spielen offene Kommunikation und Feedback eine wesentliche Rolle. Teams müssen sich folgende Fragen beantworten: Woran messen wir unsere Qualität? Wie kommunizieren wir unsere Qualitätsansprüche, aber auch Lob und Kritik im Team? Wie eskalieren wir Probleme? Wie ziehen wir bei Fehlern Konsequenzen?

Alle diese Fragen haben mit Feedback [→ Übungen, S. 134] zu tun. Schon in einem Unternehmen mit einer rollenbasierten Hierarchie ist es nicht einfach, konstruktives Feedback zu geben und zu nehmen. Da Lob und Kritik zwischen Vorgesetztem und Untergebenen aber eine gut eingespielte, quasi „natürliche" Tradition ist, sind die meisten Menschen daran gewohnt. Wenn nun jedoch Kollegen in einem selbstorganisierten Team sich untereinander Feedback geben, fühlt sich das zuerst einmal seltsam und unsicher an. Deshalb ist es wichtig, gemeinsam zu definieren, was die einzelnen Teammitglieder brauchen, um sich sicher genug zu fühlen, zeitnah und transparent Feedback untereinander auszutauschen. Oft hilft es, Methoden und verlässliche Prozesse zu etablieren. Mögliche Formate dafür sind folgende:

1. **Einführung des Vier-Augen-Prinzips während des Projektverlaufs und vor der Abgabe.** Hier sucht sich jede Projektleiterin einen Sparringspartner, der ihr für einen Qualitätscheck zur Verfügung steht. Dieser Partner sollte kompetenzbasiert und nicht nach Sympathien ausgewählt werden.

2. **Integration des Qualitätschecks in ein Regelmeeting.** In dem wöchentlichen Teammeeting kann ein fester Agendapunkt aufgenommen werden, in dem jeder seinen eigenen Arbeitsprozess und die Qualität der Arbeit reflektiert. Bei **betterplace** hat es sich bewährt, einen solchen Punkt – wo ich gerade feststecke und Hilfe brauche – aufzunehmen.

3. **Regelmäßige Rückschauen (Retrospektiven) nach Abschluss der Projekte.** Retrospektiven sind hervorragend geeignet, um Projekte und Meilensteine auf Qualität abzuklopfen. Das Format erklären wir weiter unten genauer [→ S. 121].

Wie behandeln wir Konflikte?

Der kompetente Umgang mit Konflikten ist ein weiterer zentraler Aspekt der selbstorganisierten Zusammenarbeit. Wie beim Feedback geht es hier um das Thema Sicherheit. Fühle ich mich sicher genug, meine Kollegin auf einen Konflikt anzusprechen und mich für Kritik zu öffnen?

Konflikte sind Spannungen, die entstehen, wenn Menschen unterschiedliche Wahrnehmungen, Interessen oder Bedürfnisse haben und diese als unvereinbar erfahren.

Das **betterplace lab**-Team war beispielsweise mit folgender Situation konfrontiert: Ein fachlich sehr kompetenter und kreativer Mitarbeiter musste im Zuge der New Work-Transformation enger mit Teammitgliedern zusammenarbeiten, deren Arbeitsstile und Aufgaben wesentlich strukturierter und formaler waren. Letztere nahmen wahr, dass sie viele Projektmanagement-Fehler ihres Kollegen auffangen mussten und dieser sich weniger um die Refinanzierung der Organisation sowie den Teamzusammenhalt kümmerte, als sie von ihm erwarteten. Der Kreative wiederum fühlte sich in seiner Freiheit eingeengt und für seine Leistung nicht wertgeschätzt. Er verstand nicht, wieso seine Kollegen so viel Zeit mit Management statt mit inspirierender Arbeit verbrachten, und empfand ihre emotionalen Ansprüche an ihn anstrengend und unnötig. Um unsere Konzepte von oben aufzugreifen: Das Bedürfnis nach Sicherheit und kreativem Selbstausdruck war bei den Kollegen sehr unterschiedlich ausgeprägt. Sie waren nicht in der Lage, die verschiedenen Perspektiven ausreichend empathisch nachzuvollziehen. Zudem prallten „Generalisten" und „Spezialisten" aufeinander. Beide Seiten waren frustriert und einzelne kleine Unstimmigkeiten trugen zur Verfestigung der Fronten bei.

Konflikte ähnlich wie dieser sind in Teams alltäglich. In einer regelbasiert hierarchischen Organisation werden Konflikte, die die Beteiligten nicht untereinander lösen können, nach oben eskaliert und von der Führungskraft entschieden. In selbstorganisierten Teams gibt es weniger Orientierung durch äußere Strukturen und auch keine Hierarchieebene, in die der Konflikt verlagert werden kann. Das bedeutet, die Beteiligten selbst müssen durch Dialog und mithilfe ihrer erworbenen Kommunikationskompetenzen eine Lösung finden. Wie im oben beschriebenen Feedback-Prozess ist es auch in diesen Fällen hilfreich, wenn Teams sichere Rahmen zur Bearbeitung von Konflikten zur Verfügung stellen.

Ein solcher Rahmen, der im **betterplace lab**-Team benutzt wird, ist folgende Eskalationsleiter:

1. **Ich suche Klärung in mir.** Der erste Schritt im Konfliktfall besteht darin, dass jeder Beteiligte sich mit sich selbst auseinandersetzt. Was genau erlebe ich? Welcher Anteil des Konflikts liegt bei mir (weil das Verhalten des anderen etwa etwas in mir auslöst)? Was ist mir wichtig und was brauche ich von dem anderen? Wenn die Mitarbeiterin nach dieser Selbstreflexion noch Klärungsbedarf hat, folgt der zweite Schritt:

2. **Ich suche Klärung mit Dir.** Ausgerüstet mit ihren Feedback-Kompetenzen und ihrem vertieften Empathieverständnis tauschen sich die Konfliktparteien aus. Dabei bemühen sie sich, sowohl ihre eigene Perspektive in Form von Ich-Botschaften zu vermitteln als auch die des Gegenübers zu verstehen. Wie sieht der

Konflikt aus der Perspektive des Kollegen aus? Wo genau prallen unsere Wahrnehmungen, Bedürfnisse und Interessen aufeinander? Auf dieser multiperspektivischen Grundlage suchen sie nach einer Lösung.

Scheitert dieser Versuch, gehen sie zu Schritt drei über:

③ **Wir einigen uns auf eine Vermittlerin/einen Mediator.** Dabei kann es sich um einen Kollegen aus dem Team, aber auch um eine außenstehende Person handeln. Mit dieser versuchen wir, gemeinsam den Konflikt zu beleuchten und eine Lösung zu erarbeiten. Führt auch dieser Schritt zu nichts, übergeben wir die Lösung an einen Dritten.

④ **Wir einigen uns auf einen Entscheider.** Bei dem Entscheider kann es sich um den Vermittler aus Schritt 3 handeln. Auf jeden Fall binden sich die Beteiligten an die getroffene Entscheidung.

In unserer Erfahrung gelingt es Teams, die an ihren Kommunikationskompetenzen gearbeitet haben, auf diese Weise erstaunlich gut, auch schwierige Konflikte zu bearbeiten. Dafür müssen sie jedoch in der Lage sein, Spannungen zu halten, statt sie sofort auflösen zu wollen.

Konfliktreife zeigt sich zudem auch darin, anzuerkennen, dass manche Differenzen nicht gelöst werden können. In diesen Fällen müssen Mitarbeiter in der Lage sein, mit unangenehmen Gefühlen wie Ohnmacht, Frust und Wut umzugehen. Eine mögliche Konfliktlösung ist dann, dass Teammitglieder die Unternehmung verlassen. Dies geschah im oben geschilderten Konfliktfall im **betterplace lab** zwischen dem sehr kreativen Mitarbeiter und dem Rest des Teams. Nach zahlreichen Versuchen, die jeweiligen Perspektiven und Bedürfnisse zu klären, kamen beide Seiten zum Ergebnis, dass die Zusammenarbeit unter den neuen Rahmenbedingungen nicht mehr passte, und der Kollege wechselte in eine Kreativagentur. In einer etwas anderen Teamkonstellation wäre diese Trennung vermeidbar gewesen. Dafür hätte sich aber das Gesamtteam bereit erklären müssen, die strukturellen Schwächen des inhaltlich hervorragend arbeitenden Mitarbeiters selbst auszugleichen. In einem Team, in dem jeder mit seinen Projekten stark ausgelastet war, bestand hierfür schlussendlich keine Kapazität. Damit eng verbunden ist die nächste Frage:

Wie entlassen wir Mitarbeiter?

Trennungen, soweit sie nicht auf gegenseitigem Einverständnis beruhen, sind immer schwierig. Werden Entlassungen in klassischen Unternehmen von der hierarchisch übergeordneten Ebene veranlasst, gestalten sie sich in selbstorganisierten Unternehmungen meist als ein sich entwickelnder, dezentraler Prozess.

Da Entlassungen von den meisten Menschen als sehr unangenehm empfunden werden, neigen Teams dazu, den Prozess zu verschleppen. Viele Mitarbeiter haben Angst vor sehr kritischem Feedback und halten sich, so lange es irgend geht, damit zurück. Das ist immer kontraproduktiv und hat oft schmerzliche Konsequenzen zur Folge, vor allem für die Person, die entlassen werden soll. Diese sieht sich nämlich dann scheinbar plötzlich mit der bereits eskalierten Situation konfrontiert und hat wenige Chancen, diese noch einmal zu korrigieren.

Um dies zu vermeiden, brauchen Teams einen kontinuierlich gelebten, wirklich offenen Feedbackprozess, der Probleme früh aufdeckt und damit bearbeitbar macht. Im oben für das **betterplace lab** beschriebenen Konfliktprozess kann eine Trennung das Ergebnis der 3. oder 4. Eskalationsstufe sein.

Darüber hinaus müssen sich Teams einen Prozess überlegen, wie sie sich von Mitarbeitern trennen. Soll es eine Konsensentscheidung sein oder eine Mehrheitsentscheidung? Oder wird die Entscheidung einer Person oder einem Personenkreis übertragen? Wer übernimmt die Führung in dem Prozess und ab welchem Zeitpunkt? Auch für den Fall von großem Vertrauensverlust muss es eine Regelung geben, die schnell zu einer Entlassung führen kann. Wie auch immer die Details aussehen, in jedem Fall ist es wichtig, den Prozess transparent und respektvoll zu gestalten.

Wie bestimmen wir Gehälter?

Zu den vielen verschiedenen Formen, wie in selbstorganisierten Organisationen Gehälter bestimmt werden, könnte man ein eigenes Buch schreiben. Unter den Unternehmungen, die Bettina gecoacht hat, ist das **betterplace lab** das Einzige, das sich für eine sehr radikale Version entschieden hat und die Gehälter jeden Herbst im Zuge der Planung des kommenden Jahres untereinander aushandelt. Der mehrstufige Prozess, bestehend aus gemeinsamer Budgetplanung,

Feedbackrunden und öffentlichen Gehaltspitches, ist in der **betterplace lab**-Verfassung (2016) detailliert nachzulesen.

Andere Teams haben sich auf stärker formalisierte und objektivere Kriterien für die Bestimmung von Gehältern geeinigt oder übergeben diese Verantwortung an ein kleineres Gremium wie einen Gehaltsrat.

Wie lernt unsere Organisation und bleibt frisch?

Ebenso wie Teams sich darüber einigen müssen, wie sie Qualitätsstandards halten, müssen sie festlegen, wie die Organisation aus Fehlern lernt. Dabei ist eine Grundhaltung entscheidend: Wenn Teams sich explizit als Lerngemeinschaften verstehen, sind Fehler weniger Stigma als willkommene Gelegenheiten, etwas Neues zu lernen.

Es gibt eine Reihe von guten Formaten, in denen „Fehler" nachbesprochen werden können. Eine davon ist die Retrospektive, die im SCRUM Prozess, einer weitverbreiteten agilen Methode, genutzt wird.

Retrospektiven sind regelmäßige Teamtreffen und verfolgen das Ziel, aus der Vergangenheit zu lernen. Dafür analysieren Teammitglieder einzelne Maßnahmen und bewerten, was gut und was schlecht gelaufen ist. Im Anschluss leiten sie Maßnahmen für Verbesserungen ab.

Eine Retrospektive durchläuft fünf Phasen:

1. **Einführung** Check-In und Zielklärung.
2. **Daten sammeln** Was ist in letzter Zeit geschehen? Was war gut? Was war schlecht? Welche harten Daten über Qualität / Produktivität etc. sind verfügbar? Wie beim Brainstorming können hier alle möglichen Themen aus allen vier Quadranten des AQAL-Modells genannt werden. Um einen klareren Überblick zu bekommen, werden sie von einer Moderatorin gruppiert.
3. **Erkenntnisse gewinnen (Selbst- und Metareflexion)** Warum sind die Dinge so gelaufen? Die identifizierten Probleme werden jetzt sowohl selbstreflexiv als auch „vom Balkon" [→ Kapitel 7] aus betrachtet, um die Ursachen besser zu verstehen.
4. **Maßnahmen beschließen** Was wollen wir konkret ändern? Damit nicht nur Symptome bekämpft werden, müssen gezielte Maßnahmen entwickelt werden.

(5) **Abschluss** Selbst- und Metareflexion: Hier wird ein Rückblick auf die Retrospektive geworfen. Mit welchem Gefühl gehen die Teilnehmer aus dem Termin? War die Zeit sinnvoll investiert? Was hat sich bewährt? Was sollte beim nächsten Mal anders ablaufen? Anhand dieser Informationen kann der Moderator die nächste Retrospektive verbessern.

Wie entwickeln wir uns als Mitarbeiter weiter?

Selbstorganisierte Teams müssen sich überlegen, wie sie ihre Mitarbeiter weiterentwickeln wollen und wie sie gegenseitig voneinander lernen können.

In kompetenzbasierten Teams können Mitarbeiter, die in einem Bereich eine ausgeprägte Expertise haben, diese an Kollegen weitergeben. Dies kann in Form von speziellem Feedback geschehen, sodass zum Beispiel eine Mitarbeiterin, die in Finanzen sehr versiert ist, die Projektangebote einer weniger erfahrenen Kollegin überprüft und mit ihr durchspricht.

Wissen und Kompetenzen können aber auch dadurch weitergegeben werden, dass Mitarbeiter anderen erfahrenen Kollegen punktuell über die Schulter schauen und in deren Arbeitsalltag mitlaufen können. Joana beispielsweise hat viele Kollegen zu ihren Terminen mitgenommen, damit diese ein eigenes Netzwerk aufbauen können und ein besseres Gespür für Vertrieb bekommen.

Grundsätzlich ist es hilfreich, wenn Teams sich auf ein gemeinsames Grundset an Kompetenzen einigen, welches alle zu einem gewissen Grad beherrschen sollten. Darüber hinaus ist jeder Mitarbeiter dafür verantwortlich, sein eigenes Potential zu entfalten und Unterstützungsangebote innerhalb und außerhalb des Teams zu suchen. Diese Eigenverantwortung ist eingebettet in eine geteilte Verantwortung aller Teammitglieder füreinander.

Wie verändert sich der Einstellungs- und Onboarding-Prozess?

Ein neues Zusammenarbeitsmodell braucht auch einen neuen Einstellungs- und Onboarding-Prozess.

Bei der Einstellung ist es wichtig, sich mit den Kandidaten darüber auszutauschen, welche Leitwerte im Unternehmen gelebt werden, wie Führung und Zusammenarbeit organisiert sind und welche zusätzlichen Kompetenzen von neuen Mitarbeitern erwartet werden. Im **betterplace lab** hat es sich bewährt, Kandidaten im Voraus die **betterplace lab**-Verfassung zu schicken, da Mitarbeiter sonst die meiste Zeit des Interviews darauf verwenden müssen, die ungewöhnliche Organisationsform zu erklären, statt sich im Dialog besser kennenzulernen.

Darüber hinaus haben sich folgende Aspekte bewährt:

1 Explizit die eigene Organisationskultur in der Stellenausschreibung benennen.
2 Im Interview ausreichend Zeit einplanen, um herauszufinden, welche Werte die Kandidatin leiten und welches Verständnis von Führung und Zusammenarbeit sie mitbringt.
3 Eine projektbezogenes Fallbeispiel in den Bewerbungsprozess einbauen, an Hand dessen die Kandidatin beschreiben kann, wie sie ein Team organisieren, eine Aufgabe umsetzen oder mit einem Konflikt umgehen würde.

Neue Mitarbeiter brauchen neben dem fachlichen Onboarding noch eine Einführung in die Praktiken der Selbstorganisation. Mit jedem neuen Mitarbeiter muss der in diesem Buch beschriebene Organisationsprozess nochmals wiederholt werden.

Dabei ist es hilfreich, dem neuen Mitarbeiter während der Probezeit einen Mentor als Ansprechperson für Fragen zur Organisationsentwicklung an die Seite zu stellen. Der neue Mitarbeiter sollte Übungen zu Werten, Zusammenarbeit und Sicherheit [→ Übungen, S. 135, S. 139, S. 141] durchlaufen und in Selbstreflexion und Feedback [→ Übungen, S. 144, S. 146] eingeführt werden. Alle diese Elemente sind schon Teil der gelebten Unternehmenskultur und werden von neuen Mitarbeitern deshalb auch im normalen Arbeitsalltag erlebt. Dennoch ist es wichtig, mit neuen Teammitgliedern regelmäßig über solche Kernthemen wie Selbstverantwortung und Entscheidungsprozesse zu sprechen. Wenn Mitarbeiter von den vielen ungewohnten Prozessen und Kommunikationsformen überfordert sind, müssen Teams sie temporär praktisch dabei unterstützen, diese zu erlernen.

Die größte Falle ist, dass neue Mitarbeiter sich in selbstorganisierten Teams schnell alleine und überfordert fühlen. Da Selbstverantwortung großgeschrieben wird, trauen sich neue Mitarbeiter mitunter nicht, nach Hilfe zu fragen. Stattdessen wird Selbstorganisation zum Leistungsdruck. Daher ist eine empathische und unterstützende Begleitung im Sinne der angestrebten Potentialentfaltung wichtig.

Wie gehen wir mit den rechtlichen Rahmenbedingungen um, die nicht auf verteilte Führung ausgerichtet sind?

Gerade die radikaleren Organisationsformen, die wie das **betterplace lab** oder **Ashoka Deutschland** formale Führungsrollen abgeschafft haben, müssen damit umgehen, dass gesellschaftsrechtliche und organisationale Verantwortungsverteilung bis zu einem Grad auseinanderklaffen.

Den gesetzlichen Pflichten für eine Geschäftsführung kann sich auch keine selbstorganisierte Unternehmung entziehen. Soweit Verantwortung innerhalb eines Teams verteilt werden soll – und Delegation ist Unternehmen prinzipiell ja vertraut –, muss dies mit den Aufsichtsgremien, soweit diese in Form von Muttergesellschaft, AG o. ä. vorhanden sind, abgestimmt werden.

Im **betterplace lab** haben wir die Einigung, dass eine Person nach außen und den Aufsichtsgremien gegenüber die formaljuristische Verantwortung trägt, diese Macht aber operativ nach innen nicht ausübt und auch zentrale Entscheidungen dem Team oder den gemäß ihren Kompetenzen beauftragten Teammitgliedern überlässt.

Wichtig dabei ist jedoch, dass die als Schnittstelle ausgewählte Person die für eine Geschäftsführerin notwendigen Kompetenzen hat. Schon alleine deshalb, weil einige wichtige Geschäftsführungspflichten mit persönlicher Haftung verbunden sind. Dazu zählen die rechtzeitige Insolvenzanmeldung, die Zahlung von Sozialversicherungsbeiträgen und steuerliche Verpflichtungen wie die Entrichtung von Umsatzsteuer. Für diese muss auch in selbstorganisierten Unternehmen eine Person formal und praktisch die Verantwortung tragen.

Wie gehen wir mit Erwartungen von Geschäftspartnern und anderen Außenkontakten um?

Auch wenn sich immer mehr Unternehmen mit New Work beschäftigen und Elemente davon integrieren, so bleibt die radikale Form der Selbstorganisation, die wir in diesem Buch beschreiben, die Ausnahme. In der Vielfalt der Organisationsformen ist es deshalb unausweichlich, dass es an der Schnittstelle zwischen selbstorganisierten, kompetenzbasierten Unternehmungen und der Außenwelt zu Reibungen und Irritationen kommt. Ein konventionell hierarchisches Unternehmen, das eine führende Mitarbeiterin für Verhandlungen entsendet, erwartet in der Regel, auf ihr hierarchisches

Pendant zu treffen. Erscheint dann ein wesentlich jüngerer Kollege beim Termin, fühlt sie sich leicht nicht ernst genommen. Sie geht davon aus, dass der Jüngere nicht entscheidungsbefugt ist und ihr Treffen konsequenzlos bleiben wird.

Im **betterplace lab** gab es immer wieder solche Situationen. So war Joana beispielsweise von der damaligen Familienministerin zu einem Gespräch rund um die Flüchtlingskrise eingeladen. Da im Team jedoch ein anderer Mitarbeiter, halb so alt wie Joana, der ausgewiesene Themenexperte war, schlug Joana ihn für das Treffen vor. In der Logik einer Kompetenzhierarchie war das genau die richtige Entscheidung. Der für das Treffen zuständige Abteilungsleiter im Ministerium tat sich dagegen schwer, einen jugendlichen Mitarbeiter mit dem Titel „Captain of international projects" als passenden Gesprächspartner für die Ministerin zu akzeptieren. Erst nachdem Joana ihm die Logik dahinter beschrieb und er sich bei einem Vorgespräch einen eigenen Eindruck von dem jungen Kollegen machen konnte, wurde die Einladung von Joana auf ihn transferiert.

Nicht immer muss man die eigene Organisationsform der Außenwelt erklären. Ebenso sinnvoll kann es sein, den Erwartungen anderer Institutionen pragmatisch zu entsprechen. Selbstorganisierte Teams erleben immer wieder die Situation, dass Geschäftspartner einen Konflikt „nach oben", das heißt zur Geschäftsführung, eskalieren wollen. Wenn es dieses „oben" nicht gibt, greift das Prinzip der Kompetenzhierarchie und das Teammitglied mit den ausgeprägtesten Konfliktkompetenzen übernimmt die Kommunikation. Im **betterplace lab** gibt es für diese Fälle die Rolle der „Außenministerin". **Ashoka Deutschland** wiederum entscheidet sich in jeder Situation neu, welche Strategie am besten geeignet ist, die Arbeit erfolgreich voranzutreiben.

Übergabe von Macht und Verantwortung

Am Ende des hier beschriebenen Prozesses hat die Unternehmung für sich ein neues Modell entwickelt, in der Macht und Verantwortung neu verteilt sind. Außer in neu gegründeten Organisationen werden einige Mitarbeiter Macht und Verantwortung abgeben, während andere sie annehmen. Da in der gelebten Praxis vieles anders ist als in der Planung auf dem Reißbrett, müssen Teams in regelmäßigen Abständen nochmals kritisch prüfen, ob das neue Organisationsmodell zu ihnen passt. Denn die Neuausrichtung wird nur dann erfolgreich sein, wenn jeder, der etwas abgeben und annehmen muss, auch dazu bereit ist.

Der Neustart ist weit mehr als ein intellektueller, rationaler Prozess. Aus diesem Grund empfiehlt es sich, eine entsprechende Form zu finden – ein Ritual, eine Veranstaltung –, bei der die Übergabe von Macht und Verantwortung symbolisch vollzogen wird. Auf diese Weise können Teammitglieder mental, emotional und physisch den Neuanfang nachvollziehen. Wenn gewollt, können auch die Leistungen der Vergangenheit angemessen gewürdigt werden und dadurch einen Abschluss finden.

Um den Übergang von der alten auf die neue Organisationsform zu markieren, traf sich das Team von **Ashoka Deutschland** für ein Ritual. Das Team kündigte symbolisch den beiden Geschäftsführern, indem es ihnen schön gestaltete Urkunden übergab und sie für ihre bisherigen Leistungen würdigte. Nachdem die Geschäftsführer ihre „Kündigungen" entgegengenommen hatten, übergaben sie wiederum die Macht und Verantwortung an das ganze Team (sich selbst eingeschlossen). Erst ab diesem Zeitpunkt traten die neu entwickelten Strukturen, Prozesse und Rollen in Kraft.

Da eingeschliffene Muster nicht von heute auf morgen verschwinden, achteten alle Mitarbeiter in den Folgemonaten besonders darauf, nicht in ihre habituellen Verhaltensweisen zurückzufallen, indem sie beispielsweise die Meinungen der ehemaligen Geschäftsführer wichtiger nahmen als die anderer Kollegen. Differenzierungen wie diese sind in kompetenzbasierten Organisationen nicht so einfach, denn es kann ja durchaus sein, dass die ehemaligen Chefs in bestimmten Fragen wirklich die meiste Kompetenz besitzen und deshalb auch mehr Gewicht haben sollten als andere Kollegen. Um eingespielte Muster zu durchbrechen, müssen beide Seiten achtsam beobachten und gut kommunizieren.

Im **betterplace lab** fand der rituelle Neuanfang während des alljährlichen Retreats in Südfrankreich statt. Die Teammitglieder hatten lange an den Grundpfeilern ihrer schriftlich niedergelegten Verfassung gefeilt, der gleichen Verfassung, die sich auch heute noch im Netz findet. Während mehrerer Tage stieß das Team mit seiner alten Chefin und vielen Gläsern Schnaps, Wein und Bier „auf die

Verfassung" an. „Auf die Verfassung" wurde zum (teilweise) sehr lauten Schlacht- und Motivationsruf und dient bis heute als rituelle Erinnerung an die gemeinsame Intention und den bewegten, gemeinsam gestalteten Weg.

Ausklang

Ziel dieses Handbuches war es, auf der einen Seite Dir als Leserin ein Gespür dafür zu geben, wie wichtig es ist, neue Arbeitsformen nicht isoliert als äußere Veränderungen anzusehen, sondern die inneren Dimensionen miteinzubeziehen. Andererseits wollten wir sehr praktische Anregungen und Hilfestellungen geben, damit es Teams leichter fällt, New Work und Selbstorganisation (in unterschiedlichen Ausprägungen) umzusetzen.

Nicht jeder Leser wird gleich seine ganze Organisation neu gestalten wollen oder können. Das Gute ist, dass sich viele der beschriebenen Maßnahmen in fast allen Unternehmen integrieren lassen. Hierfür hoffen wir Impulse und Anleitungen für „quick wins" vermittelt zu haben. Jedes Team kann daran arbeiten, dass seine Mitglieder immer mehr als „ganze Menschen" erscheinen, Meetings energiegeladener werden, offen über Spannungen gesprochen wird oder Mitarbeiter mit ihrer Intuition experimentieren.

In der Einleitung schrieben wir, dass **New Work needs Inner Work** eine Art Minimum Viable Product (MVP) ist, in dem wir unsere eigenen Erfahrungen mit einer Handvoll von Wirtschaftsunternehmen und sozialen Organisationen mit Dir als Leser oder Leserin teilen möchten. Uns ist jedoch bewusst, dass wir selbst auch erst am Anfang einer großen, neuen Transformationswelle in der Arbeitswelt stehen. Dementsprechend liegt uns viel am Austausch mit unseren Lesern. Eure Erkenntnisse, Beispiele, Ergänzungen und Korrekturen werden wir in der Online-Version dieses Handbuches leicht integrieren können. Wir freuen uns auf den weiteren Austausch und Eure Rückmeldungen unter NewWork@DasDach. Berlin.

Bis dahin,

Beste Grüße von Joana und Bettina

Literatur

Einleitung

Drucker, Peter 2002. *Was ist Management? Das Beste aus 50 Jahren.* Wien: Econ Verlag, S. 319–320

Kapitel 1

Laloux, Frederic 2014. *Reinventing Organizations: A Guide to Creating Organizations Inspired by the Next Stage of Human Consciousness.* Nelson Parker

Trautmann, Michael, und Magnussen, Christoph. *On the way to New Work.* Podast unter https://www.onthewaytonewwork.com

Kapitel 2

Luhmann, Niklas 1984. *Soziale Systeme: Grundriß einer allgemeinen Theorie.* Frankfurt a. M.: Suhrkamp

Varela, Francisco J., und Humberto R. Maturana, R. Uribe: *Auto-poiesis: The organization of living systems, its characterization and a model.* In: Biosystems. 5, 1974, S. 187–196

Kapitel 3

Bennis, Warren, und Burt Nanus 1985. *Leaders: Strategies for Taking Charge.* New York: Harper & Row

Kluckhohn, Clyde 1951. *„Values and valueorientations in the theory of action: An exploration in definition and classification.*" In T. Parsons & E. Shils (Eds.), *Toward a general theory of action.* Cambridge, MA: Harvard University Press

McKinsey 2015. https://www.mckinsey.com/featured-insights/leadership/changing-change-management

Scheier, M. F., und Carver C. S. 1985. *Optimism, coping, and health: Assessment and implications of generalized outcome expectancies.* In: Health Psychology, 4, 219–247

Taranczewski, Nadjeschda 2018. *Conscious You: Become The Hero of Your Own Story.* Berlin: Rethink Press

Ury, William L., und Roger Fisher 1981. *Getting to Yes.* Boston: Houghton Mifflin Co

Kapitel 4

Ackerman, Keks 2018. *Where do we come from. Where are we going to?*, Future Sensor, Medium https://medium.com/futuresensor/part-3-where-do-we-come-fromwhere-are-we-going-to-a9a6ec923cfd

Duhigg, Charles 2016. *What Google learned from its quest to build the perfect team*, New York Times, 25. Feb. 2016. https://www.nytimes.com/2016/02/28/magazine/what-google-learned-from-itsquest-to-build-the-perfect-team.html

Kapitel 6

Otto Scharmer 2014. *Theory U: Von der Zukunft her führen: Presencing als soziale Technik.* Carl Auer Verlag, Heidelberg

Kapitel 7

Heifetz, R., und Linsky, M. 2002. *Leadership on the Line: Staying Alive Through the Dangers of Leading.* Boston: Harvard Business School Press

Weick, K. 1985. *Der Prozess des Organisierens.* Frankfurt a. M.: Suhrkamp

Wilber, Ken 2001. *Ganzheitlich handeln – eine integrale Vision für Wirtschaft, Politik, Wissenschaft und Spiritualität.* Freiamt: Arbor Verlag

Wilk, Richard 1990. *Consumer Goods as Dialgue about Development.* in: Culture and History 7: 79–100

Kapitel 8

Buurtzorg 2018. https://www.buurtzorg.com

Otto Scharmer, 2014, *Theory U: Von der Zukunft her führen: Presencing als soziale Technik.* Carl Auer Verlag, Heidelberg

betterplace lab Verfassung (erste Auflage 2016, wird kontinuierlich überarbeitet) https://www.betterplacelab.org/verfassung/

Kapitel 9

Bockelbrink, Bernhard 2015. Sociocratie 3.0, zugegriffen am 01.02.2019: https://evolvingcollaboration.com/comparingdifferent-models-of-management

Übungen

Taranczewski, Nadjeschda 2018. *Conscious You: Become The Hero of Your Own Story*, Berlin: Rethink Press

Rosenberg, Marshall B. 2016. *Gewaltfreie Kommunikation*, Paderborn: Junf

Prozess-Fragenkatalog zur Selbstorganisation

Authentizität Selbstkontakt Selbstreflexion	• Was kann ich in mir wahrnehmen – mental, emotional und körperlich? • Bin ich gut in meiner Mitte verankert oder lehne ich mich aus ihr raus oder rein? • Welche Werte und Bedürfnisse sind mir wichtig? • Wie viel Sicherheit brauche ich und wie viel Freiheit? • Was gibt mir Sicherheit und das Gefühl von Zugehörigkeit? • Was gibt mir das Gefühl von Freiheit und Autonomie?
Selbstorganisation Selbstmotivation	• Was brauche ich, um intrinsisch motiviert zu sein und es auch zu bleiben? • Wie wichtig ist mir Selbstorganisation? • Was befähigt mich, selbstorganisiert zu arbeiten, und was fällt mir daran schwer? • Welche Kompetenzen zeichnen mich aus? • Inwieweit kann ich Kompetenzen in anderen erkennen und würdigen? • Woraus beziehe ich in einem selbstorganisierten Team mein Gefühl für Identität, Wertschätzung und Sinn?
Empathie Feedback/Metareflexion Konfliktfähigkeit	• Wie gut können wir im Team miteinander kommunizieren? • Wie offen und transparent können wir miteinander sein? • Wie empathisch gehen wir miteinander um? • Wie gut sind unsere Prozesse? • Wie qualitätsvoll ist unsere Arbeit? • Wie gehen wir mit Konflikten um? • Was brauchen wir, um mit Konflikten gut umzugehen?

Multiperspektivität	
Das große Ganze sehen 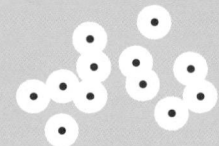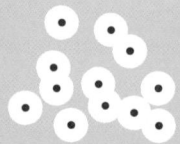	• Was verstehen wir unter Multiperspektivität? • Wie gut gelingt es uns, mehr als unsere eigene Sicht auf die Realität auf dem Schirm zu haben? • Wie können wir unsere Reflexionskultur multiperspektivischer gestalten? • Wie sehr haben wir das große Ganze auf dem Schirm? • Wie sehr haben wir die Schnittstellen untereinander und die Auswirkungen unserer Aktionen im Blick? • Wie gut können wir Komplexität, Ambivalenzen und Spannungen aushalten? • Wo müssen wir Komplexität reduzieren, um handlungsfähig zu sein?
Intuition	
Evolutionäre Bestimmung 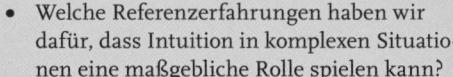	• Welche Referenzerfahrungen haben wir dafür, dass Intuition in komplexen Situationen eine maßgebliche Rolle spielen kann? • Welche Aspekte unserer Gesamtorganisation und ihres Umfelds (Team, Produkt, Marktumfeld) haben wir im Blick? • Sehen wir relevante Trends und Entwicklungen? • Wohin ziehen uns unser Interesse und unsere Neugier? • Können wir in dieser aktuellen komplexen Situation intuitiv eine Strategie „denkend-fühlend" erfassen?

Übungen

Zum Abschluss präsentieren wir Euch eine Reihe von Übungen. Sie stammen aus Bettinas Repertoire und werden von ihr während der unterschiedlichen Workshops im Organisationsentwicklungsprozess eingesetzt. Wir haben insbesondere die Übungen ausgewählt, die Ihr auch gut alleine beziehungsweise mit Euren Teams machen könnt.

Übungen, die explizit darauf ausgerichtet sind, Spannungen und Störungen in der Organisation aufzudecken und zu bearbeiten, brauchen unserer Erfahrung nach eine externe Begleitung und sind hier nicht gelistet. Die hier beschriebenen Übungen bieten jedoch schon ein gutes Fundament, um Euch zentrale Themen der Organisationsentwicklung und Unternehmenskultur bewusst zu machen und mit ihnen zu experimentieren.

Standardabläufe und Formate

Das Standard-Format

Während des gesamten Organisationsentwicklungsprozesses ist es sinnvoll, den Teilnehmern die Möglichkeit zu geben, sich in kleinen Gruppen auszutauschen. Kleingruppen bieten einen sicheren Rahmen und ermöglichen es jedem Mitarbeiter, zu Wort zu kommen und gehört zu werden. Bettina arbeitet meist in Zweier- (Dyaden) oder Dreiergruppen (Triaden).

Jede Austauschrunde hat eine vorher festgelegte Gesamtdauer (z. B. neun Minuten) und folgt dem Prinzip, dass reihum immer eine Person für eine festgelegte Zeit (z. B. drei Minuten) spricht, während die andere(n) aufmerksam zuhören. Die Moderatorin achtet dabei auf die Zeit.

Diese Form des Austausches fördert eine Reihe von Fähigkeiten und Qualitäten im Team:

→ Aufmerksames und aktives Zuhören.
→ Jeder kommt gleichberechtigt zu Wort, auch die, die sonst eher still sind.
→ Die Teilnehmer lernen sich gegenseitig besser kennen. Sie hören Dinge, die im Alltag jeder eher in sich selbst bewegt. Hier werden sie verbalisiert und ausgetauscht.

→ Gemeinsam erfahren die Teilnehmer, dass ein offener, sicherer Raum ein guter Rahmen für konstruktive Gespräche ist.

Das erweiterte Format: Standard plus Feedback

Das erweiterte Setting besteht aus dem Standard-Setting und einem zusätzlichen Feedback. Nachdem ein Teilnehmer gesprochen hat, gibt es eine kurze, zeitlich ebenfalls genau festgelegte Feedbackrunde (z. B. 1 Minute). Während dieser Feedbackrunde kommentieren die Zuhörer das Gehörte.

Dabei gelten folgende Regeln:

→ Der Feedbackgeber klärt innerlich mit sich selbst, ob er offen und frei zuhören konnte oder ob er innerlich aktiviert (neudeutsch: getriggert) wurde und sein Feedback deshalb gefärbt ist. Falls Letzteres der Fall ist, weist er die anderen darauf hin.

→ Jeder teilt aus der Ich-Perspektive mit, was er oder sie gehört und wahrgenommen hat.

→ Feedbackgeber können eigene Erlebnisse und Erkenntnisse teilen, geben aber keine Interpretationen, Pauschalurteile oder Ratschläge.

→ Der Feedbackempfänger sagt, welche Aspekte er zutreffend findet, aber auch, welche für ihn oder sie keinen Sinn ergeben. (Eine ausführlichere Übersicht zu Feedbackregeln findet Ihr hier → **Übungen, S. 146**)

Feste Austauschrunden als Begleitung des Organisationsprozesses

In vielen Fällen bittet Bettina Teams, feste Dreiergruppen bzw. Triaden zu bilden, die sich während des gesamten Organisationsentwicklungsprozesses regelmäßig treffen und austauschen. Die Treffen finden einmal monatlich statt und dauern 90 Minuten. Triaden-Teilnehmer tauschen sich dabei zu verschiedenen Themen des Prozesses aus und bieten sich gegenseitig Unterstützung, Klärung und Feedback an.

Dieses Vorgehen bietet einige Vorteile: Jedes Teammitglied hat einen festen, sicheren und stabilen Ort und Rahmen, um sich mit dem Veränderungsprozess zu beschäftigen. Die Triaden dienen zudem als eine Art Resonanzkörper, um wichtige Themen zu identifizieren, die ins Gesamtteam oder an den Coach weitergeleitet werden sollten.

Austauschrunden im großen Team

Die oben beschriebenen Kleingruppen sind wichtig, da in ihnen alle Teilnehmer regelmäßig zu Wort kommen und das Gelernte aktiv reflektieren. Finden die Kleingruppen während eines Workshops statt, bietet es sich an, dass alle Teilnehmer nach dem Austausch in der kleinen Gruppe wieder im Plenum zusammenkommen und stichpunktartig mitteilen, was sie in ihren Dyaden oder Triaden erlebt und besprochen haben. Auf diese Weise bekommt die Gesamtgruppe einen Eindruck von der Vielfalt der individuellen Gespräche.

In den folgenden Übungen wird immer wieder auf Dyaden und Triaden verwiesen. Wenn nicht anders erwähnt, meinen wir damit das Basis-Setting ohne Feedback.

Übungen zur Standortbestimmung des Teams

In der ersten Phase des Entwicklungsprozesses ist es wichtig, dass Teams erforschen, welche Werte ihr aktuelles Zusammenarbeitsmodell leiten und wie ihre grundlegenden Bedürfnisse – nach Sicherheit und Inspiration – erlebt werden. Die folgenden Übungen ermöglichen es Teams, auch schwierige Dynamiken und Spannungsfelder aufzudecken und effektive und leicht in den Arbeitsalltag integrierbare Maßnahmen zu entwickeln.

Übung zu individuellen Prinzipien und Werten im Team

Welche Prinzipien und Werte sind uns wichtig und welche leiten unsere aktuelle Organisationsstruktur? Wichtig: Hier geht es darum, einen Überblick über die Gegenwart zu bekommen, nicht darum, wie ein Team zukünftig arbeiten will.

Übungsstruktur

→ Bestimmt einen Moderator.
→ Bildet für jeden Übungsschritt neue Triaden, damit sich die Gruppe gut durchmischt.
→ Kommt nach jeder Triade im Plenum zusammen und sammelt die Ergebnisse auf einer großen Mindmap.

1. Gesprächsrunde

❓ *Was bedeutet Führung für mich?*
❓ *Wie führe ich oder wie will ich geführt werden?*

(?) *Welche Werte und Qualitäten (maximal zwei) sind für mich zentral und was genau verstehe ich darunter?*

So können wir beispielsweise zwischen direktiver, konsultativer und partizipativer Führung unterscheiden.

(→) In Triaden haben die Teilnehmer jeweils drei Minuten Zeit, die Frage für sich ganz persönlich zu beantworten.

(→) Danach kommt die Gruppe im Plenum zusammen und trägt ihre Prinzipien und Werte vor.

(→) In einem ersten Schritt ordnet die Moderatorin ähnliche Prinzipien und Werte in Gruppen an.

(→) In einem zweiten Schritt platzieren alle Teilnehmer die Prinzipien noch einmal in Gruppen, die gut zusammenpassen.

2. Gesprächsrunde

(?) *Was bedeutet Selbstwirksamkeit für Dich?*
(?) *Wie erzielst Du in Deinem Leben Wirkung?*

Manche Menschen beispielsweise gehen davon aus, dass die besten Resultate erzielt werden, wenn Mitarbeiter präzise und effizient arbeiten können. Für andere sind gute persönliche Beziehungen im Team ausschlaggebend. Mit welchen 1–2 Werten oder Prinzipien würdest Du Deine Theorie der Selbstwirksamkeit beschreiben?

(→) Gleiches Vorgehen wie in der ersten Fragerunde.

3. Gesprächsrunde

(?) *Was motiviert Dich?*
(?) *Welche 1–2 Prinzipien oder Werte beschreiben Deinen inneren Antrieb am besten?*
(?) *Treibt Dich die Suche nach beruflichem Erfolg oder materiellem Gewinn an?*
(?) *Bist Du durch Neugier, Perfektionismus oder Angst motiviert?*

(→) Gleiches Vorgehen wie in der ersten Fragerunde.

4. Gesprächsrunde

(?) *Was bedeuten Konflikte für dich?*
(?) *Wecken Streitigkeiten Deine Neugier und siehst Du in ihnen eine Chance?*

(?) *Oder kommen Konflikte Dir eher gefährlich vor und versuchst Du, sie zu vermeiden?*

(→) Gleiches Vorgehen wie in der ersten Fragerunde.

5. Gesprächsrunde

(?) *Was gibt Dir Sicherheit?*
Unterscheide zwischen Sicherheit im Privaten und im Berufsleben, mit Fokus auf letzterem.

(?) *Sind feste Regeln und Prozesse (äußere Struktur) besonders wichtig oder ist Dein Sicherheitsempfinden an Freiheit und Gestaltungsmöglichkeiten gekoppelt?*

(?) *Bietet Dir ein gutes Gehalt Sicherheit oder sind Dir die menschlichen Beziehungen unter Kollegen wichtiger?*

(→) Gleiches Vorgehen wie in der ersten Fragerunde.

Nachdem die Teilnehmer alle fünf Runden durchlaufen haben, bietet die Mindmap einen guten Überblick über die verschiedenen Werte und Prinzipiencluster, die die Unternehmung ausmachen.

Anhand dieser Übersicht können Teams nun die folgenden Fragen erforschen:

(?) *Was sagt die Mindmap über uns aus?*

(?) *Welche unterschiedlichen Ausprägungen finden wir in unserem Team wieder? Wie wirken sich diese unterschiedlichen Werte und Prinzipien auf unsere Zusammenarbeit aus?*

(?) *Welche Cluster harmonieren gut miteinander? Zwischen welchen entstehen Spannungen?*

Abschließend können Teams ihre eigenen Werte im Bereich Führung und Zusammenarbeit mit den Werten des Spiral Dynamics-Modells vergleichen. Welche "Farben" sind in der Unternehmung präsent? [→ **Tabelle nächste Seite**]

	Rot	Blau	Orange	Grün	Gelb
Verlässlichkeit	Stärke	Absprachen und Regeln	Optimierung	Empathie	Systemische Betrachtung
Klarheit	Dominanz	Ordnung	Zielvorgaben	Kommunikation	Intuition
Struktur	An konkrete Personen gebunden	An konkrete Rollen geknüpft	An konkreten Prozessen orientiert	Auf Konsens ausgerichtet	Auf Kompetenzen aufgebaut
Bedeutung	Durchsetzungskraft	Pflicht und Loyalität	Leistung	Beziehung	Potentialentfaltung
Wirkung	Der Stärkste sein!	Es richtig machen!	Das Richtige tun! Chancen nutzen!	Gemeinsam etwas erreichen!	Holistisches und systemisches Handeln
Sicherheit	Macht und Dominanz	Ordnung und Regeln	Autonomie	Beziehung	In der Bewegung

6. Im Plenum

Erstellt gemeinsam eine weitere Übersicht davon, was in der Unternehmung und im Team gut funktioniert und an welchen Stellen Konflikte und Spannungen entstehen. Überlegt gemeinsam, was Ihr tun könnt, um Spannungsfelder zu adressieren.

Übung zum Thema Sicherheit im Team

Gemeinsam erforschen wir, welchen Stellenwert Sicherheit für uns hat und wie wir diese im Unternehmen aktuell herstellen.

Übungsstruktur

→ Bestimmt einen Moderator.
→ Bildet für jeden Übungsschritt neue Triaden, damit sich die Gruppe gut durchmischt.
→ Kommt nach jeder Triade im Plenum zusammen und teilt Eure Erkenntnisse.

1. Gesprächsrunde

(?) *In welcher Arbeitsumgebung fühle ich mich sicher?*
(?) *In welcher Arbeitsumgebung fühle ich mich unsicher?*
(?) *Wie verhalte ich mich in einer sicheren und wie in einer unsicheren Umgebung?*

Manche Arbeitnehmer fühlen sich beispielsweise sicher, wenn sie mit ihren Stärken und Schwächen gesehen werden oder wenn sie sich jederzeit Unterstützung holen können. Unsichere Arbeitsumgebungen können solche sein, bei denen nur die Leistung zählt und Mitarbeiter das Gefühl haben, als Menschen unbedeutend zu sein.

→ In Triaden haben die Teilnehmer jeweils drei Minuten Zeit, die Frage für sich zu beantworten.
→ Danach kommt die Gruppe im Plenum zusammen und teilt ihre Erfahrungen.

2. Gesprächsrunde

(?) *Was brauche ich von der Unternehmensführung, um mich sicher zu fühlen?*
(?) *Welche Eigenschaften sollte eine Führungskraft dafür haben?*

Für einige Mitarbeiter vermitteln Vorgesetzte, die situativ führen, ein Gefühl der Sicherheit. Sie sehen, in welchen Situationen jemand mehr oder weniger Führung braucht, und lassen ihren Mitarbeitern einen möglichst großen Freiraum. Stark direktives Führen löst bei manchen Mitarbeitern Sicherheit aus, während es bei anderen zu Unsicherheit und Abwehr führt.

→ In Triaden haben die Teilnehmer jeweils drei Minuten Zeit, die Frage für sich zu beantworten.

→ Schreibt anschließend die drei wichtigsten Erkenntnisse Eurer Triade auf.

→ Tragt diese danach im Plenum zusammen! Der Moderator gruppiert die Ergebnisse so auf einer Mindmap, dass ersichtlich wird, was Teammitglieder von ihrer Führung benötigen, um sich sicher zu fühlen.

3. Gesprächsrunde

(?) *Was brauche ich von einem Team, um mich sicher zu fühlen?*

(?) *Welche Eigenschaften muss ein Team haben und wie müssen einzelne Teammitglieder sich untereinander verhalten?*

So kann es für manche Mitarbeiter sehr wichtig sein, dass Kollegen ihre Arbeit qualitativ hochkarätig erledigen, während andere mehr Wert darauf legen, dass die Kommunikation untereinander wertschätzend und zuverlässig ist.

→ In Triaden haben die Teilnehmer jeweils drei Minuten Zeit die Frage für sich zu beantworten.

→ Schreibt anschließend die drei wichtigsten Erkenntnisse Eurer Triade auf.

→ Tragt diese im Plenum zusammen! Der Moderator gruppiert die Ergebnisse so auf einer Mindmap, dass ersichtlich wird, was Teammitglieder voneinander benötigen, um sich sicher zu fühlen.

4. Im Plenum

Identifiziert gemeinsam, in welchen Bereichen Ihr Euch schon ausreichend Sicherheit anbietet und wo es Spannungsfelder gibt. Überlegt, welche Maßnahmen helfen können, Spannungsfelder zu adressieren und Sicherheit insgesamt zu erhöhen.

Übung zum Thema Inspiration, Wandel und Wachstum im Team

Neben Sicherheit haben wir Inspiration und Wachstum als zentrale Schnittpunkte von Führung und Zusammenarbeit identifiziert. Die nachfolgenden Übungen dienen dazu, herauszufinden, welchen Stellenwert diese Aspekte für einzelne Mitarbeiter haben und wie sie momentan in der Unternehmung gelebt werden.

1. Gesprächsrunde

(?) *In welcher Arbeitsumgebung habe ich mich inspiriert gefühlt?*
(?) *In welchen Situationen war ich uninspiriert?*
(?) *Wie wirken sich uninspirierende Umgebungen auf meine Handlungen aus?*

Eine Umgebung kann beispielsweise als inspirierend empfunden werden, wenn Mitarbeiter genügend Freiraum haben, um Neues auszuprobieren, oder Kollegen auf Augenhöhe Inspirationen teilen.

(→) In Triaden haben die Teilnehmer jeweils drei Minuten Zeit, um die Frage für sich zu beantworten.
(→) Tragt diese im Plenum zusammen. Der Moderator gruppiert die Antworten auf einer Mindmap.

2. Gesprächsrunde

(?) *Was brauche ich von einer Führung, um mich inspiriert und kreativ zu fühlen?*
(?) *Welche Eigenschaften tragen dazu bei?*

Eine Führungskraft kann Kreativität beispielsweise anregen, indem sie Mitarbeiter dazu auffordert, gezielt aus ihrer Komfortzone herauszutreten und neuen Ideen nachzugehen.

(→) In Triaden haben die Teilnehmer jeweils drei Minuten Zeit, die Frage für sich zu beantworten.
(→) Schreibt anschließend die drei wichtigsten Erkenntnisse Eurer Triade auf.
(→) Tragt diese im Plenum zusammen! Der Moderator gruppiert die Ergebnisse so auf einer Mindmap, dass ersichtlich wird, was Teammitglieder von einer Führung brauchen, um kreativ zu werden und zu wachsen.

141

3. Gesprächsrunde

(?) *Was brauche ich von meinen Teamkollegen, damit ich inspiriert bin und mich kreativ entfalten kann?*

(?) *Welche Eigenschaften eines Teams unterstützen mein eigenes Wachstum?*

So können Teammitglieder sich explizit für das Wachstum ihrer Kollegen interessieren und sich gegenseitig Freiräume ermöglichen, um eigenen Interessen nachzugehen.

→ In Triaden haben die Teilnehmer jeweils drei Minuten Zeit, die Frage für sich zu beantworten.

→ Schreibt anschließend die drei wichtigsten Erkenntnisse Eurer Triade auf.

→ Tragt diese im Plenum zusammen. Der Moderator gruppiert die Ergebnisse so auf einer Mindmap, dass ersichtlich wird, was Teammitglieder voneinander brauchen, um kreativ zu werden und zu wachsen.

4. Im Plenum

Identifiziert gemeinsam, in welchen Bereichen Ihr Euch schon ausreichend Freiraum für Inspiration und Wandel zur Verfügung stellt und wo es Spannungsfelder gibt! Überlegt, welche Maßnahmen helfen können, Spannungsfelder zu adressieren und wie sich Kreativität, Inspiration und Wachstum insgesamt mehr entfalten können! Am Ende dieses Übungsabschnitts habt Ihr als Team herausgearbeitet, welche Werte und Prinzipien Euer aktuelles Führungs- und Zusammenarbeitsmodell leiten. Zugleich ist Euch bewusst geworden, welchen Stellenwert die beiden Pole Sicherheit und Wachstum für Euch haben und was Ihr benötigt, um diese zu befriedigen. Darüber hinaus habt Ihr Maßnahmen identifiziert, mit denen ihr bestehende Spannungen adressieren könnt. In den folgenden Monaten setzt das Team diese Erkenntnisse in die Praxis um.

Übungen zur Herausbildung von Kommunikations- und Reflexionskompetenzen

Nach der Standortbestimmung [→ S. 135] bilden Kommunikations- und Reflexionskompetenzen eine wesentliche Grundlage für das zu entwickelnde Organisationsmodell. Die folgenden Übungen lassen sich leicht in den Arbeitsalltag von Teams integrieren. Darüber hinaus gibt es noch viele andere Werkzeuge und Methoden. Diese finden sich in der Literaturliste auf den Seiten 129 bis 130.

Methoden und Werkzeuge für Meetings

1. Der delegierte Moderationsprozess

Um in Meetings einen sicheren Raum und eine offene, fokussierte Atmosphäre zu erzeugen, bietet es sich an, drei Rollen zu bestimmen:

- Moderator
- Zeitwächter
- Energiewächterin

Moderator Der Moderator verantwortet die Struktur des Meetings und unterstützt das Team dabei, offen, fokussiert und klar zu kommunizieren. Er achtet darauf, dass Diskussionen gut strukturiert sind und Verwirrungen/Störungen angesprochen und geklärt werden. Er legt Meinungsverschiedenheiten und Konflikte offen und visualisiert Beiträge und dokumentiert Ergebnisse.

Moderatoren bereiten sich auf das Meeting vor. Sie sorgen dafür, dass einzelne Redebeiträge Gehör finden und nicht direkt im Anschluss sofort subjektiv bewertet werden. Und sie achten darauf, dass alle Teilnehmer gleichberechtigt am Meeting teilnehmen können.

Zeitwächter Der Zeitwächter hat die Aufgabe, die zeitlichen Vorgaben einzuhalten. Insbesondere bei komplexeren Meetings ist es ratsam, diese Rolle von der des Moderators zu entkoppeln.

Energiewächterin Die Energiewächterin passt auf, dass die Teilnehmer aufmerksam und energiegeladen am Meeting teilnehmen. Wenn notwendig, unterbricht sie das Meeting und teilt ihre Beobachtungen mit, beispielsweise dass einige Teilnehmer nicht ganz bei der Sache sind oder dass unterschwellige Spannungen im Raum sind. Falls ihre Beobachtungen sich mit den anderen Teilnehmern decken, überlegt die Gruppe, wie sie fortfahren wollen, damit das Meeting wieder konzentrierter und energiegeladener wird.

143

2. Check-Ins und Check-Outs

Meetings nehmen einen wichtigen Raum im Unternehmens-alltag ein. Daher eignen sie sich besonders gut für kleine und größere Veränderungsmaßnahmen. Um eine sichere, vertrau-ensvolle und produktive Atmosphäre zu schaffen, eignen sich Check-In-Runden am Anfang. Mitarbeiter beantworten kurz folgende Fragen: „Wie geht es mir gerade jetzt?", „Was erwarte ich von dem heutigen Meeting?" Jeder spricht für eine Minute, ohne von anderen unterbrochen zu werden.

Die Check-Ins können der Reihe nach erfolgen, entweder nach dem Popkorn-Prinzip (jeder Teilnehmer entscheidet selbst, wann er oder sie das Wort ergreift) oder indem der jeweilige letzte Sprecher entscheidet, wer als Nächstes an der Reihe ist.

Um Meetings abzuschließen, eignet sich ein Check-Out, welches den gleichen Prinzipien folgt. Jetzt lautet die Frage: „Wie geht es Dir nach dem Meeting?" Hat man mehr Zeit zur Verfügung, kann jeder diese Frage auf drei Ebenen (ich-wir-es) beantworten: Wie geht es mir? Wie zufrieden bin ich mit unserer Zusammen-arbeit als Team? Wie zufrieden bin ich mit den Ergebnissen des Meetings? Wenn die Zeit drängt, kann jeder Teilnehmer auch einfach nur ein Wort zum Abschluss sagen, beispielsweise „in-spiriert", „müde", „optimistisch".

Werkzeuge zur Selbstreflexion: Eisberg-Übung

Der Ausgangspunkt jeder „inneren Arbeit" ist Selbstkenntnis. Nur wenn wir mit uns selbst in Kontakt sind, können wir wissen, was uns bewegt, was uns wichtig ist, was wir brauchen und wo-hin wir uns entwickeln wollen. Eine einfache Übung für Selbst-kenntnis und Selbstreflexion ist die Eisberg-Übung. Sie setzt bei unserem Verhalten an und erforscht von dort aus unsere tiefer liegenden Bedürfnisse und Interessen. [→ **Grafik, S. 30**]

Übungsstruktur

Die Übung kann jeder für sich alleine machen oder mit einem Partner. Hat ein Team den Eisberg für die Selbstreflexion bereits für eine Weile geübt, kann die Übung auch genutzt werden, um größere Verhaltensmuster auf Teamebene zu beleuchten. Die Übungsschritte bleiben dann dieselben, nur sammelt die Moderatorin die Antworten aller Teammitglieder und bildet Cluster. So ergibt sich ein Gesamtüberblick.

① Wähle eine Verhaltensweise aus, die Du gut von Dir kennst, von der Du aber nicht genau weißt, wieso Du Dich genau so verhältst.

Zum Beispiel: Immer wenn es bei der Arbeit sehr stressig wird, fange ich an, alles alleine regeln zu wollen. Ich bin wie in einem Tunnel und kommuniziere mit meinen Kollegen kurz angebunden und harsch.

② Beschreibe die Gedanken, die in Deinem Kopf entstehen, wenn Du Dich so verhältst.

Vielleicht denkst Du: „Wenn ich das jetzt nicht schnell alleine mache, kriegen wir das nie hin. Mich mit den anderen abzustimmen ist mir gerade viel zu kompliziert. Ich brauche jetzt Ruhe, um mich zu fokussieren."

③ Beschreibe, wie sich Dein Körper während dieser Situation anfühlt.

Vielleicht ziehst Du Deine Schultern hoch und spannst Dich an? Oder Du verspürst einen Kloß im Magen etc.?

④ Wie geht es Dir während dieser Situation emotional?

Vielleicht erlebst Du Wut und Angst, Ohnmacht oder Scham?

⑤ Beschreibe, was Dir in dieser Situation wirklich wichtig ist.

Vielleicht geht es Dir vor allem darum, die Aufgabe gut zu erledigen und das vereinbarte Ziel zu erreichen. Vielleicht willst Du, dass alle im Endeffekt mit dem Ergebnis zufrieden sind.

⑥ Beschreibe, welches der Grundbedürfnisse (s. Kapitel 3, Sicherheit vs. Selbstausdruck) Dir in dieser Situation besonders wichtig ist, aber vielleicht nicht befriedigt wird.

Vielleicht wünschst Du Dir Sicherheit, die dadurch entsteht, dass Du Dich darauf verlassen kannst, dass Du/Ihr die Aufgabe und den Stress gut bewältigt. Du wünschst Dir, dass alle an einem Strang ziehen und Dich bei der Arbeit unterstützen, statt dass Du sie alleine machen musst. Vielleicht möchtest Du aber auch mehr Freiraum haben, um die Arbeit in Deinem Rhythmus zu erledigen, und ärgerst Dich, wenn Du Dich ständig mit allen anderen im Team abstimmen musst.

Mit der Hilfe der Eisberg-Übung kann jeder für sich leicht erforschen, was unter der Oberfläche des konkreten Verhaltens liegt und welche Bedürfnisse und Interessen in angespannten Situationen zu kurz kommen. Du kannst die Übung alleine, aber auch mit einem Partner oder in einem größeren Team machen. Im Konfliktfall empfiehlt es sich, die Übung nicht mit anderen am Konflikt beteiligten Personen zu machen, sondern sich in einem ersten Schritt alleine oder mit einer externen Unterstützung die eigene Situation klarer zu machen. Mit dieser neuen Klarheit kann man dann gut das Gespräch mit dem Kontrahenten suchen.

Wenn es Dir darum geht, Dein Verhalten in bestimmten Situationen zu verändern, kannst Du den Eisberg gut von unten nach oben durchgehen.

1. Mache Dir bewusst, was Dir in diesem Moment gerade besonders wichtig ist. Um bei dem oben genannten Beispiel zu bleiben, könnte dies die geteilte Verantwortungsübernahme auch in stressigen Arbeitssituationen sein.

2. Lass das Bewusstsein für diesen Wert (beispielsweise für Zugehörigkeit und Gemeinschaft) in die Situation einfließen. Dadurch schaffst Du Dir mehr Raum in Dir selbst.

3. In der Folge werden sich Deine Gedanken und Gefühle in der Situation wahrscheinlich verändern und Du wirst in der Lage sein, anders zu handeln. In diesem Fall nicht mehr aggressiv auf andere Mitarbeiter reagieren, sondern ihnen Dein Bedürfnis als Wunsch mitteilen.

Diese Art von Reflexion ist unabdingbarer Bestandteil für offene und klare Kommunikation, Feedback und Konfliktlösungen (Taranczewski 2018).

Feedback

Die Literatur zu Feedback ist riesig. Hier können wir daher nur ein paar Grundelemente und Basisübungen präsentieren, die auf der gewaltfreien Kommunikation nach Rosenberg (Rosenberg 2016) beruhen.

Für gutes Feedback ist die Haltung des Feedbackgebers wesentlich. Sie kann auf folgenden Satz heruntergebrochen werden:

ICH begegne selbstverantwortlich DIR mit Empathie und Akzeptanz, damit WIR gemeinsam Lösungen, Kooperationen und einen wertschätzenden Umgang miteinander gestalten.

Wenn Menschen selbstverantwortlich und empathisch Feedback geben, nutzen sie folgende Elemente:

- Sie teilen Wahrnehmungen als Ich-Botschaften: „Ich sehe xy, ich nehme xy wahr, ich höre xy …"
- Sie beschreiben Gefühle: „Ich bin traurig, wütend etc."
- Sie teilen Bedürfnisse: „weil mir (…) wichtig ist", „ich brauche xy".
- Sie äußern Bitten: „Wärest Du bereit … (konkrete Handlungen) zu übernehmen?"

Allgemeine Kommunikationsregeln

In Teams führt Bettina eine Reihe von Kommunikationsregeln ein. Dazu gehören die folgenden:

- Jeder Mensch hat ein Anrecht auf seinen Standpunkt. Wir begegnen den Argumenten des Gegenübers mit Respekt.
- Wir trennen die Ich-Ebene (meine persönliche Präferenz) von der Wir-Ebene (unserer Beziehung) und von der Sach-Ebene (dem Thema, um das es gerade geht).
- Wir bemühen uns gemeinsam, das Thema zu klären, und verzichten dabei auf Kategorien wie „richtig" und „falsch".
- Wir stellen konkrete Fragen an unser Gegenüber. Unklare Fragen führen zu unklaren Antworten.
- Wir halten den Fokus und stellen immer nur eine Frage auf einmal. Mehrere Fragen verwirren und kosten Zeit.
- Wir unterscheiden zwischen problemorientierten Fragen (z. B. Warum …?) und lösungsorientierten Fragen (z. B. Wie können wir …?).
- Wir hören aktiv zu (empathisch) und spiegeln uns gegenseitig das Gehörte, damit wir sicher sind, dass wir einander wirklich zuhören.
- Wir orientieren uns an der Gegenwart und der Zukunft und nicht an der Vergangenheit. Auf diese Weise gelingt es uns, bessere Lösungen zu finden, statt Schuld zuzuweisen.
- Wir vermeiden Verallgemeinerungen wie folgende: eigentlich, ehrlich gesagt, wir müssen, jeder, alle, nie, entweder oder.
- Wir verwenden Ich-Botschaften statt Du-Botschaften.
- Wir äußern Bedürfnisse und Wünsche anstelle von Standpunkten, Befürchtungen oder Anklagen.
- Wir teilen Wahrnehmungen und geben keine Bewertungen ab.
- Wir beteiligen uns an co-kreativen Entscheidungen, anstatt fertige Lösungen zu präsentieren (z. B. Wie können wir …?, Welche Möglichkeiten seht ihr …?).

Metareflexion

In Kapitel 7 beschreiben wir Metareflexion als eine wichtige Kompetenz für effektive Teamkommunikation. Sie ermöglicht es Teams, ihre eigenen Dynamiken, Begrenzungen und Konflikte schnell zu erkennen. Die auf Seite 80 beschriebene Tanzflächen- und Balkon-Übung ist sehr gut geeignet, um Metareflexion zu lernen. In Meetings kann die Energiewächterin immer wieder die Metaebene einbringen. Dazu eignen sich folgende praktische Fragen:

(?) *Wie sieht unser Meeting gerade vom Balkon aus?*

(?) *Welche Muster können wir beim Tanzen entdecken?*

(?) *Wo bewegen wir uns im Takt, wo nicht? Sind wir zu schnell, zu langsam?*

(?) *Halten wir den richtigen Abstand zueinander?*

(?) *Sind wir im Kontakt oder sprechen wir aneinander vorbei?*

(?) *Brauchen wir ein anderes Format?*

Kombinierte Reflexionsübung (Selbstreflexion, Feedback, Metareflexion)

Nachdem Teams schon eine Zeitlang verschiedene Reflexionskompetenzen einzeln praktiziert haben, können diese auch miteinander verknüpft werden, um konkrete Themen zu bearbeiten.

Das Format

(1) Bildet Triaden und bestimmt in jeder Gruppe eine Person A, Person B und Person C. Die drei sitzen sich gegenüber. Person A startet, Person B hört zu, Person C beobachtet die Interaktion.

(2) Person A startet und hat 8 Minuten Zeit, über das ausgewählte Thema aus der selbstreflexiven Perspektive zu sprechen. Sie spricht nicht ÜBER das Thema, sondern aus sich HERAUS. „Aus sich heraus zu sprechen" bezeichnet eine Perspektive, bei der ich nicht nur mental über etwas spreche, sondern mich tiefer auf das Thema einlasse und neben meinen Gedanken auch noch aktiv meine Gefühle und körperlichen Wahrnehmungen erspüre und mitteile. Auf diese Weise können wir mehr Informationen teilen und unsere Perspektive

wird für die Zuhörer erfahrbarer. Unser Gegenüber versteht besser, worum es mir bei dem Thema geht.

③ Person B hört aufmerksam zu. Sie achtet dabei sowohl auf das gesprochene Wort, versucht zugleich aber auch, Person A auf emotionaler und physischer Ebene wahrzunehmen. Stimmt das, was Person A sagt, mit dem überein, was auf der emotionalen und physischen Ebene wahrnehmbar ist? Auf welcher Ebene ist Person A am meisten „zuhause"?

④ Person C beobachtet das Gespräch und die Interaktion zwischen Person A und B vom „Balkon" (Metareflexion). Sie reflektiert die Qualität des Dialogs. Der Fokus liegt darauf, WIE das Gespräch verläuft, nicht WAS gesagt wird. Wie „tanzen" die beiden miteinander? Sind sie im Kontakt oder „tanzen" sie aneinander vorbei? Können sie sich einander öffnen oder vermeiden sie bestimmte Aspekte? Bewegen sie sich im gleichen Rhythmus oder aneinander vorbei?

Ablauf

① Die drei sitzen sich gegenüber. Person A startet, Person B hört zu, Person C beobachtet die Interaktion.

② Person A spricht 8 Minuten.

③ Person B gibt 3 Minuten Feedback zu dem Gehörten. Sie sagt beispielsweise: „Während Du gesprochen hast, ist mir xy und xy aufgefallen." „Ich beobachte …". Dabei verwendet sie nur ICH-Botschaften und bemüht sich, nichts zu interpretieren und gibt keine Ratschläge.

④ Person A hat ihrerseits 3 Minuten Zeit, auf das Feedback zu antworten. War es hilfreich? Machen die Beobachtungen Sinn oder nicht?

⑤ Person C reflektiert 3 Minuten ebenfalls aus der Ich-Perspektive, was er oder sie beobachtet hat. Ziel ist es, eine weitere Perspektive in den Prozess einfließen zu lassen.

⑥ Dann rotieren die Personen und Person B hat 8 Minuten Zeit zu sprechen, Person C hört zu und Person A übernimmt die Metareflexion.

Übungen zur Neugestaltung der Zusammenarbeit

Nachdem das Team seinen aktuellen Standort bestimmt und seine innere Struktur in Form von Reflexions- und Kommunikationskompetenzen gestärkt hat, steht nun die Gestaltung der Zukunft an. Hierfür definiert es die Werte, die zukünftig

149

Führung und Zusammenarbeit maßgeblich prägen sollen. Da diesem Schritt ein intensiver Reflexions- und Übungsprozess vorangegangen ist, ist das Team in der Lage, sehr genau zu bestimmen, was es für eine inspirierende zukünftige Zusammenarbeit braucht.

Leitwerte für die Zusammenarbeit gemeinsam definieren

→ Das Team bestimmt einen Moderator.
→ Das Team legt gemeinsam fest, wie viele Werte es in den Prozess einbeziehen möchte. Wir empfehlen hier 8–10 Werte.
→ Der Moderator erinnert das Team daran, bei der Auswahl der Werte Prinzip #3 und Prinzip #5 miteinzubeziehen:

Prinzip **#3** Wir pendeln im Leben zwischen unserem Bedürfnis nach Zugehörigkeit und dem nach autonomem Selbstausdruck. Auf der einen Seite brauchen wir Sicherheit, Planbarkeit und Orientierung, sehnen uns aber auch nach Freiheit, Wandel und Wachstum.

Prinzip **#5** Hinter dem Wunsch nach Veränderung steckt entweder das Bedürfnis, einer inneren Spannung zu entkommen, oder die Inspiration, etwas Neues ausprobieren zu wollen.

Das Team wird aufgefordert, Werte auszuwählen, die beide Grundbedürfnisse adressieren und die den Einzelnen inspirieren.

Jedes Teammitglied definiert für sich seine drei wichtigsten Werte in Bezug auf die zukünftige Führung und Zusammenarbeit. Diese schreibt er oder sie einzeln auf ein Post-It. Beispielsweise Transparenz, Sicherheit, Freiraum oder Effizienz.

Der Moderator sammelt die Post-Its ein und gruppiert sie nach ähnlichen oder identischen Werten. Wenn mehr als die festgelegte Anzahl der Werte übrig bleibt, diskutiert das Team, welche Werte weniger wichtig sind und entfernt werden können.

Danach teilt sich das Team in Untergruppen auf (min. 3, max. 5 Personen) und teilt die Werte zwischen den Gruppen auf.

Jede Gruppe definiert nun die ihnen übergebenen Werte anhand der folgenden Leitfragen, wobei sie darauf achten, dass die Definitionen nicht länger als vier Sätze lang sind.

? *Was bedeutet dieser Wert für unsere Führung und Zusammenarbeit?*

(?) Wie können wir den Wert konkret als Team umsetzen?

Die Werte und die Definitionen werden auf einzelne Plakate geklebt. Bis hierhin dauert die Übung ungefähr 45 Minuten.

Nun gehen Teammitglieder im Raum herum. Wer mit der Definition einverstanden ist, unterschreibt das Plakat. Wer Anmerkungen hat, schreibt diese als Kommentare ebenfalls auf das Plakat. Achtet darauf, dass Kritik nicht alleine stehen bleibt, sondern immer mit einem Gegenvorschlag versehen wird. Dieser Teil der Übung dauert weitere 45 Minuten.

Danach sammeln die Untergruppen ihre Plakate wieder ein und arbeiten die verschiedenen Anmerkungen ein. Dieses dauert ca. 30 Minuten.

Anschließend werden die neuen Definitionen wieder ausgelegt und alle Teammitglieder gehen herum und lesen sich die überarbeiteten Definitionen durch.

Danach kommt die Gruppe im Plenum zusammen und stimmt über die Werte und ihre Definitionen ab. Dafür verwendet sie die folgenden Konsensstufen aus der Mediationsarbeit:

1. Volle Zustimmung
   „Ich stimme dem Lösungsvorschlag zu.“
2. Leichte Bedenken
   „Ich stimme zu, habe aber leichte Bedenken.“
3. Enthaltung
   „Ich überlasse Euch die Entscheidung, beteilige mich aber bei der Umsetzung.“
4. Keine Zustimmung
   „Ich kann den Vorschlag nicht vertreten, lasse ihn trotzdem durchgehen, nur werde ich mich an der Umsetzung nicht beteiligen.“
5. Schwere Bedenken
   „Ich habe schwere Bedenken und wünsche mir eine andere Entscheidung.“
6. Veto
   „Der Vorschlag widerspricht grundsätzlich meinen Vorstellungen. Er darf nicht beschlossen bzw. ausgeführt werden.“

Nur wenn Teammitglieder schwere Bedenken äußern oder ein Veto einlegen, wird die Diskussion um den Wert und seine Definition nochmals eröffnet.

Wenn alle Werte erfolgreich beschlossen wurden, unterschreiben alle Teammitglieder die Plakate mit den einzelnen Werten. Die Gesamtdauer dieser Übung beträgt 3–4 Stunden, je nach Diskussionsbedarf der Mitwirkenden.